発想・根気・思考力で挑む

ディック・ヘスの
圧倒的
パズルワールド

Dick Hess 著

川辺 治之 訳

共立出版

The Population Explosion and Other Mathematical Puzzles
By Dick Hess（ディック・ヘス）

Copyright © 2016 by World Scientific Publishing Co. Pte. Ltd.（ワールドサイエンティフィック社）
All rights reserved. This book, or parts thereof, may not be reproduced in any form or by any means, electronic or mechanical, including photocopying, recording or any information storage and retrieval system now known or to be invented, without written permission from the Publisher.

Japanese translation arranged with World Scientific Publishing Co. Pte. Ltd., Singapore.

Japanese language edition published by KYORITSU SHUPPAN CO., LTD.

親愛なる兄弟ロバート（ボブ）・A・ヘス
（1940年11月9日〜2015年3月2日）の
心暖まる思い出に

まえがき

　本書は，*Mental Gymnastics: Recreational Mathematical Puzzles* (Dover, 2011)（邦訳：小谷善行訳『知力を鍛える究極パズル』，日本評論社，2014）と *Golf on the Moon* (Dover, 2014) の続編である．どの本のパズルも読者が楽しめるものであり，ほかの人が同じように楽しむために伝えられるべきである．これらのパズルは，論理的思考，洞察力や，幾何学的，代数的，物理的な概念を含んだ数学的思考過程へと意欲をかきたてるものであり，かなりの粘り強さが要求されるものもある．多くのパズルは紙と鉛筆があれば解くことができるが，解の探索や計算に計算機を用いたほうがよいものもいくつかある．どっしりと腰を落ち着けて取り組んでいただきたい．

　これらパズルの多くのアイディアは，パズルコーナーや問題欄のある書籍やインターネット上の情報源から思いついたものだ．それらには，*Crux Mathematicorum with Mathematical Mayhem, Journal of Recreational Mathematics, Pi Mu Epsilon Journal*，テクノロジー・レビューのパズル・コーナー，*Ponder This, Puzzle Up* などが含まれる．そのほかのパズルのアイディアは，パズル愛好家の楽しいコミュニティーを通じて，口づてに伝えられたものである．パズルに挑戦したらすぐにそれを共有することが大好きで私のアイディアに耳を傾けてくれるパズル愛好家全員にとても感謝している．

ディック・ヘス

目　次

まえがき　　　　　　　　　　　　　　　　　　　　　iii

第1章　ちょっとしたパズル　　　　　　　　　　　1

   1　　言葉の謎　・・・・・・・・・・・・・・　1
   2　　給料秘密主義　・・・・・・・・・・・・　1
   3　　親戚パズル　・・・・・・・・・・・・・　1
   4　　スライディング・ブロック　・・・・・・　2
   5　　最速サーブ　・・・・・・・・・・・・・　2
   6　　人口爆発　・・・・・・・・・・・・・・　3
   7　　懸垂線　・・・・・・・・・・・・・・・　3

第2章　幾何のパズル　　　　　　　　　　　　　　5

   8　　リゲル第4惑星の採掘　・・・・・・・・　5
   9　　点の連結　・・・・・・・・・・・・・・　6
  10　　直角三角形　・・・・・・・・・・・・・　7
  11　　頂点を切り落とした多面体　・・・・・・　7
  12　　紙を貼った箱　・・・・・・・・・・・・　8
  13　　ほぼ長方形の湖　・・・・・・・・・・・　9
  14　　菱形の3分割　・・・・・・・・・・・・　10

15	正方形の分割 ・・・・・・・・・・・・・・・・・	10

第3章　数字のパズル　　　　　　　　　　　　　　　　　　11

16	小町買い物 ・・・・・・・・・・・・・・・・・・・	11
17	変形数独 ・・・・・・・・・・・・・・・・・・・・	11
18	小町分数和 ・・・・・・・・・・・・・・・・・・・	12
19	偶数と奇数 ・・・・・・・・・・・・・・・・・・・	13
20	風変わりな整数 ・・・・・・・・・・・・・・・・・	13
21	10桁の数 ・・・・・・・・・・・・・・・・・・・	13

第4章　論理のパズル　　　　　　　　　　　　　　　　　　15

22	ケーキの分割 ・・・・・・・・・・・・・・・・・・	15
23	牢獄からの脱出 ・・・・・・・・・・・・・・・・・	16
24	論理的質問 ・・・・・・・・・・・・・・・・・・・	17
25	アリババと10人の盗賊 ・・・・・・・・・・・・・	18
26	結婚記念日のパーティー ・・・・・・・・・・・・・	18

第5章　確率のパズル　　　　　　　　　　　　　　　　　　21

27	ギャンブラーもビックリ ・・・・・・・・・・・・・	21
28	テンジー ・・・・・・・・・・・・・・・・・・・・	21
29	ミニビンゴ ・・・・・・・・・・・・・・・・・・・	22
30	通常のビンゴ ・・・・・・・・・・・・・・・・・・	23
31	公平な決闘 ・・・・・・・・・・・・・・・・・・・	24
32	テニスのゴールデンセット ・・・・・・・・・・・・	24
33	バス代ルーレット ・・・・・・・・・・・・・・・・	24
34	色つきボールの箱 ・・・・・・・・・・・・・・・・	25

| 35 | 双六 | 26 |

第6章 解析のパズル　27

36	あわただしい空港	27
37	どの食事？	27
38	熾烈な競争	28
39	親族訪問	28
40	対数問題	28
41	多項式問題1	29
42	多項式問題2	29
43	直列素数三角形	30
44	養鶏業	31
45	騎士のジレンマ	31
46	正三角形からもっとも離れた三角形	32
47	薬剤師	33

第7章 物理のパズル　35

48	ボート遊びでの驚き	35
49	釣り合い問題	35
50	吊るされた棒	41
51	倒れる梯子	42

第8章 台形のパズル　43

52	最小の整辺等脚台形	44
53	最小の半径の円	44
54	素数整辺等脚台形	44

55	ぺしゃんこ整辺等脚台形	45
56	とんがり整辺等脚台形	45
57	ほぼ正方形の整辺等脚台形	45
58	高さが整数の整辺等脚台形	45
59	正方形に内接する最小の整辺等脚台形	46
60	a と s が等しい整辺等脚台形	47
61	a と c が等しい整辺等脚台形	47
62	x と u が等しい整辺等脚台形	47
63	b/s が 1.4 より大きい整辺等脚台形	48
64	b/s がそれぞれ 0.8, 0.75, 0.71 より小さい整辺等脚台形	48
65	被覆率最小の整辺等脚台形	48
66	最大の正方形	49
67	複数解	49
68	最小の正方形	49

第9章 砂漠のジープ隊　　51

69	1台のジープによる片道旅行	51
70	1台のジープによる往復旅行	52
71	2台のジープによる1台の片道旅行	53
72	2台のジープによる2台の片道旅行	53
73	2台のジープによる1台の往復旅行	54
74	2台のジープによる2台の往復旅行	55
75	2台のジープと2箇所の補給基地	56
76	3台のジープによる1台の往復旅行	57

第 10 章　マスダイスのパズル　　　　　　　　　　　　　　59

77	0, 1, 2 を昇順に使って次の数を作れ ・・・・・・・・	60
78	1, 2, 3 を昇順に使って次の数を作れ ・・・・・・・・	60
79	2, 3, 4 を昇順に使って次の数を作れ ・・・・・・・・	60
80	3, 4, 5 を昇順に使って次の数を作れ ・・・・・・・・	61
81	4, 5, 6 を昇順に使って次の数を作れ ・・・・・・・・	61
82	5, 6, 7 を昇順に使って次の数を作れ ・・・・・・・・	62
83	6, 7, 8 を昇順に使って次の数を作れ ・・・・・・・・	62
84	7, 8, 9 を昇順に使って次の数を作れ ・・・・・・・・	62
85	0, 2, 4 を昇順に使って次の数を作れ ・・・・・・・・	62
86	1, 3, 5 を昇順に使って次の数を作れ ・・・・・・・・	63
87	2, 4, 6 を昇順に使って次の数を作れ ・・・・・・・・	63
88	3, 5, 7 を昇順に使って次の数を作れ ・・・・・・・・	64
89	4, 6, 8 を昇順に使って次の数を作れ ・・・・・・・・	64
90	5, 7, 9 を昇順に使って次の数を作れ ・・・・・・・・	64
91	0, 3, 6 を昇順に使って次の数を作れ ・・・・・・・・	65
92	1, 4, 7 を昇順に使って次の数を作れ ・・・・・・・・	65
93	2, 5, 8 を昇順に使って次の数を作れ ・・・・・・・・	65
94	3, 6, 9 を昇順に使って次の数を作れ ・・・・・・・・	66
95	0, 4, 8 を昇順に使って次の数を作れ ・・・・・・・・	66
96	1, 5, 9 を昇順に使って次の数を作れ ・・・・・・・・	66
97	1, 2, 3 を降順に使って次の数を作れ ・・・・・・・・	66
98	1, 2, 4 を降順に使って次の数を作れ ・・・・・・・・	67
99	1, 2, 5 を降順に使って次の数を作れ ・・・・・・・・	67
100	3, 5, 6 を降順に使って次の数を作れ ・・・・・・・・	67
101	3, 6, 7 を降順に使って次の数を作れ ・・・・・・・・	68
102	3, 6, 8 を降順に使って次の数を作れ ・・・・・・・・	68

103	3, 4, 7 を降順に使って次の数を作れ	68
104	3, 4, 5 を降順に使って次の数を作れ	69
105	3, 5, 8 を降順に使って次の数を作れ	69
106	3, 7, 8 を降順に使って次の数を作れ	69
107	3, 4, 8 を降順に使って次の数を作れ	70
108	3, 4, 6 を降順に使って次の数を作れ	70
109	4, 7, 9 を降順に使って次の数を作れ	70
110	4, 8, 9 を降順に使って次の数を作れ	71
111	3, 4, 9 を降順に使って次の数を作れ	71
112	刺激的な単独解	72
113	厄介な2通りの解	72
114	骨の折れる3通りの解	73
115	威嚇的な複数解	73
116	できるだけ大きな数	74

解　答　　　　　　　　　　　　　　　　　　　　　75

出題者　　　　　　　　　　　　　　　　　　　　　195

訳者あとがき　　　　　　　　　　　　　　　　　　199

第1章

ちょっとしたパズル

1 言葉の謎

 それは2文字だが,場合によっては6文字である.そして,どんなときでも6文字からなり,しかし,たまには3文字しか使わない.さて,どういうことか.

2 給料秘密主義

 5人の従業員が昼食をとっていて,彼らの平均給料が話題になった.全員がその平均給料を知りたかったが,自分自身の給料についての情報をほかの従業員に教えたくなかった.5人はそれぞれ紙と鉛筆をもっているが,ほかに彼らを助けてくれる人はいない.どうすれば,彼らはその目的を達成することができるだろうか.

3 親戚パズル

(a) 男性が別の男性を指差して「私には息子も娘もいないが,この男の父親は私の父親の息子である」と言った.この二人の男性はどのような関係か.

(b) レイの義理の息子は私のボブ叔父さんの父親である.私がレイ

と血縁関係にあるとしたら，レイと私はどのような関係か．

(c) 「私には娘も姪も甥もいないが，クリスの義理の父親は私の義理の母親の息子である」

　(i)　この話し手の性別は？
　(ii)　クリスの性別は？
　(iii)　話し手とクリスはどのような関係か．

4　スライディング・ブロック

ブロックを5回移動させるだけで，Tと名前のついたブロックを右下の隅に移せ．一つのブロックを続けて動かすかぎり，どのように移動させても1回の移動と数える．

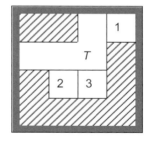

5　最速サーブ

あるテニス・プレーヤーのサーブの速さは，時速をキロメートルで表わした値が時速をマイルで表わした値よりもちょうど100だけ大きい[訳注1]．彼のサーブの速さはどれほどか．

[訳注1] 1マイルは1.609344キロメートル．

6 人口爆発

2015年3月に，地球上の推定人口は73億人に達した．平均的な人は，$0.063\,\mathrm{m}^3$ の体積を占めると見積もると，全人口の体積は $0.4599\,\mathrm{km}^3$ である．

(a) 地球を半径が $6{,}371\,\mathrm{km}$ の球体として，全人類の体積を一定の厚みで地球の表面を覆うように広げると，その厚みはどれだけになるか．

(b) 現在，地球上の人口は毎年その人口の1.14％増加する．地球を厚さ $1\,\mathrm{m}$ で覆うようになるには，この人口増加率で何年かかるか．そのときの人口はどれだけになっているか．

(c) 人口が毎年1.14％増加するのをどれだけ続けると，地球の半径増加が光速($= 9.4605284 \times 10^{12}\,\mathrm{km/}$年) を超えるか．また，そのときの人口はどれだけになっているか．ただし，相対論的効果は無視せよ．

7 懸垂線

$d\,\mathrm{m}$ 離れて垂直に立つ $10\,\mathrm{m}$ の2本の棒の先端から $15\,\mathrm{m}$ の鎖が垂れ下がっている．この鎖のもっとも低い箇所は，地面から $2.5\,\mathrm{m}$ の距離にある．このとき，d の値を求めよ．

第2章

幾何のパズル

8 リゲル第4惑星の採掘

　リゲル第4惑星の驚くべき点は，それが半径4,000マイルの完璧になめらかな球体であることだ．地球と同じように，この惑星は北極を中心として自転しているので，地球上と同じく，リゲル第4惑星上の位置を特定するのに極点を基準とした緯度・経度の座標系が使われる．3人の試掘者が，本部に次のような報告をした．

(a) 試掘者A「ベースキャンプから北を向いて，向きを変えることなく1マイル進み，それから東に1マイル進んだ．そこで昼食をとったあと，再び北を向いて，向きを変えることなく1マイル進んだ．最後に，西に1マイル進んだら，ベースキャンプにきちんと戻った．」
　　Aのベースキャンプになりうる位置はどこか．

(b) 試掘者B「ベースキャンプから北に1マイル進み，それから東に1マイル進んだ．次に南に1マイル進み，最後に西に1マイル進んだら，ベースキャンプにきちんと戻った．」
　　Bのベースキャンプになりうる位置はどこか．

(c) 試掘者C「ベースキャンプから北に1マイル進み，それから東に1マイル進んだ．次に南に1マイル進み，最後に，西に1マイル進んだら，この条件のもとで可能な，ベースキャンプから

もっとも離れた点に到着した.」

Ｃのベースキャンプになりうる位置はどこか. そして, 試掘者は最終的にベースキャンプからどれだけ離れているか.

9　点の連結

図の6個の点のうち, 任意の2点を直線で結んだものをリンクと呼ぶ. これらの点のうちの3点を頂点とする三角形ができないようにして, 何本のリンクを配置することができるだろうか.

10 直角三角形

図において，$AE = 111$ であるが，ほかの辺の長さは分からない．このとき，$AB^2 + BC^2 + CD^2 + DE^2$ の値を求めよ．

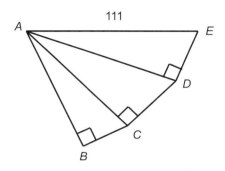

11 頂点を切り落とした多面体

多面体 P_1 のそれぞれの頂点を含む小さな角錐を切り落とすと多面体 P_2 になる．P_2 は，F 個の面，V 個の頂点，そして，E 本の辺をもつ．

(a) F, V, E のいずれかが 11 に等しいとき，P_1 として 2 通りの可能性をあげよ．

(b) F, V, E のいずれかが 13 に等しいとき，P_1 として 4 通りの可能性をあげよ．

12 紙を貼った箱 ────────────────

(a) アクサナは友達のジョシュにこう言った.「私は,上面がなく寸法が整数の理想的な直方体の箱をもっている.この箱の内側と外側(の10面)に紙を貼ったら,驚いたことに,紙の面積は箱の体積と等しいことに気づいた.そのうえ,この箱はこの条件を満たすもののうちで最大の体積なの.」ジョシュは答えた.「私の箱も同じ性質をもっているが,この条件を満たすもののうちで最小の体積だ.」

二人の箱の寸法をそれぞれ求めよ.

(b) ボブはキャシーにこう言った.「僕は,上面がなく寸法が整数の理想的な直方体の箱をもっている.この箱の外側の5面に紙を貼ったら,驚いたことに,紙の面積は箱の体積と等しいことに気づいた.そのうえ,この箱は立方体じゃないが,体積は立方数になっているんだ.」キャシーは答えた.「私の箱も紙の面積は箱の体積に等しいけど,その体積はあなたの箱の半分しかないわ.」

二人の箱の寸法をそれぞれ求めよ.

(c) クリスは友達のローリーにこう言った.「私は,寸法が整数の理想的な直方体の箱をもっている.この箱の6面の内側と外側に紙を貼ったら,驚いたことに,紙の面積は箱の体積と等しいことに気づいた.そのうえ,この箱の一番長い辺は奇数なの.」ローリーは答えた.「私の箱も同じ性質をもっているけど,その体積はあなたの箱より小さいわ.」

二人の箱の寸法をそれぞれ求めよ.

(d) デビッドが友人のメアリーにこう言った.「僕は,寸法が整数の理想的な直方体の箱をもっている.この箱の6面の外側に紙を貼ったら,驚いたことに,紙の面積は箱の体積と等しいことに

気づいた．そのうえ，この箱の縦，横，高さは全部違うんだ．」
メアリーは答えた．「私の箱も同じ性質をもっているけど，その体積はあなたの箱の半分しかないわ．」

二人の箱の寸法をそれぞれ求めよ．

13 ほぼ長方形の湖

図に示した湖 $ABCDEFG$ は，DE の湖岸線の区間を除いて，ほぼ長方形である．A_1 を $DEFG$ の面積，A_2 を $BCDE$ の面積，A_3 を楔形 ADE の面積とする．このとき，A_1 と A_2 を用いて A_3 を表わせ．

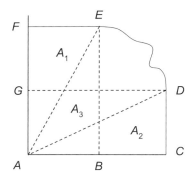

14　菱形の3分割

　図に示したタイルは，内角が120°と60°の菱形である．このタイルを互いに相似な，すなわち，大きさは異なっていてもよいが，同じ形状の3個のタイルに分割せよ．タイルは裏返しになっていてもよい．6通りの解を見つけよ．

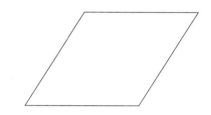

15　正方形の分割

　正方形を，できるだけ少ない数の，辺の長さが整数で縦と横の比が3対1であるような異なる大きさの長方形によって完全に分割せよ．

第3章

数字のパズル

16 小町買い物

 去年のクリスマスに，私は何個かのプレゼントを買った．それぞれのプレゼントの価格は，ドル単位で完全平方数になっていた．それらの価格を全部書き出すと，1から9までのすべての数字がちょうど1回ずつ現れていた．プレゼントの総額は可能な範囲で最小であるとすると，総額はいくらで，私は何個のプレゼントを買ったのか．

17 変形数独

 それぞれのマスに1から5までの数を入れ，どの列や行にも重複する数はなく，太線で囲まれた領域内の数の和がすべて異なるようにせよ．

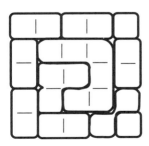

18 小町分数和

(a) 等式 $87/93 + 42/651 = 1$ の左辺には，1 から 9 までのそれぞれの数字がちょうど 1 回ずつ使われている．このような等式 $a/b + c/d = 1$ において，次のそれぞれの条件を満たすような正整数 a, b, c, d を求めよ．

 (i) $a + b + c + d$ が最大のもの．
 (ii) $a + b + c + d$ が最小のもの．
 (iii) a/b が最小のもの．

(b) 等式 $70/96 + 143/528 = 1$ の左辺には，0 から 9 までのそれぞれの数字がちょうど 1 回ずつ使われている．このような等式 $a/b + c/d = 1$ において，次のそれぞれの条件を満たすような正整数 a, b, c, d を求めよ．

 (i) $a + b + c + d$ が最大のもの．
 (ii) $a + b + c + d$ が最小のもの．
 (iii) a/b が最小のもの．

(c) 等式 $4/68 + 297/153 = 2$ の左辺には，1 から 9 までのそれぞれの数字がちょうど 1 回ずつ使われている．このような等式 $a/b + c/d = 2$ において，次のそれぞれの条件を満たすような正整数 a, b, c, d を求めよ．

 (i) $a + b + c + d$ が最大のもの．
 (ii) $a + b + c + d$ が最小のもの．
 (iii) a/b が最小のもの．

(d) 等式 $12/43 + 870/465 = 2$ の左辺には，0 から 9 までのそれぞれの数字がちょうど 1 回ずつ使われている．このような等式 $a/b + c/d = 2$ において，次のそれぞれの条件を満たすような正整数 a, b, c, d を求めよ．

(i) $a+b+c+d$ が最大のもの.
 (ii) $a+b+c+d$ が最小のもの.
 (iii) a/b が最小のもの.

19 偶数と奇数

m は奇数の数字 1, 3, 5, 7, 9 すべてをある順序で含む 5 桁の数とし,n は偶数の数字 2, 4, 6, 8, 0 すべてをある順序で含む 5 桁の数とする.n が m の倍数になることはありえるだろうか.

20 風変わりな整数

相異なる 2 個の数字 a と b がある.$\sqrt[-0.a]{0.b}$ と $\sqrt[-0.b]{0.a}$ それぞれにもっとも近い整数をもってくると,それらは 10 よりも大きい相異なる二つの整数で,互いに数字を並べ換えたものであることに気づいた.a と b はそれぞれいくつか.

21 10桁の数

数字 0, 1, 2, 3, 4, 5, 6, 7, 8, 9 をある順に並べ換えてできた 10 桁の数がある.その数の左端から順に数字を 1 個ずつ取り除いていくと,残った数は順に 9, 8, 7, 6, 5, 4, 3, 2, 1 で割り切れる.

(a) このようなことが起きるもっとも大きな数はいくつか.
(b) このようなことが起きるもっとも小さな数はいくつか.

第4章

論理のパズル

22 ケーキの分割 ─────────────

(a) ジョーとボブでケーキを分ける．ジョーはケーキを二つに切る．そして，ボブはその2片のうちの一方を二つに切る．ジョーはできあがった3片のうちの最大と最小のものをとる．手に入ることが保証されているジョーの取り分はどれだけか．

(b) 今度は，ジョーとボブはともにダイエット中で，もらうケーキをできるだけ小さくしたい．ボブはジョーにどれだけのケーキを取らせることができるか．

(c) 今度は，ジョーがケーキを二つに切り，それから，ボブがその2片のうちの一方を二つに切る．そして，ジョーは，その3片のうちの一方を二つに切る．ジョーはできあがった4片のうちの最大と最小のものをとり，ボブは中間の大きさの2片をもらう．手に入ることが保証されているジョーの取り分はどれだけか．そのために，ジョーはどのような戦略をとればよいだろうか．

23 牢獄からの脱出

騎士は邪悪な看守からこう言われた.「7 × 17 の格子のそれぞれのマスには数が隠されている. 119 個の数すべての合計を正しく答えられれば, お前は釈放される. そうでなければ, 処刑されるだろう. 一つのマスの数を聞いたら, 教えてやろう. そして戦略を考えるのに 1 時間だけやろう.」自分の独房に戻されるときに, 騎士は看守から, この格子のどの 3 × 4 または 4 × 3 の長方形もそこに隠された数の合計は 202 になると教えられた. どうすれば騎士は逃げ出せるだろうか.

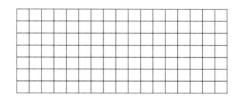

24 論理的質問

図のような正方形と正三角形の一辺の長さは，外接する円の半径より大きいか，あるいは小さいか．

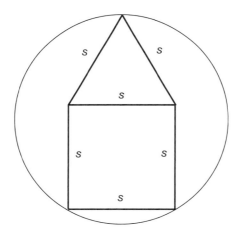

25　アリババと10人の盗賊

　一番偉い首領のAから偉さの順にB, C, ⋯ と続き，もっとも下っぱのJまでの10人の盗賊が，二人の漕ぎ手が必要なボートで川を渡ろうとしていた．残念ながら，どの盗賊も自分と同じ偉さの盗賊か自分のすぐ上かすぐ下の偉さの盗賊しかボートに同乗することを許さない．一番偉い盗賊の首領Aは，アリババに助けを求め，アリババはこう答えた．「私をあなたと同じ偉さにしてくれるならば，全員が川を渡ることができる．」首領はこれに同意した．アリババと10人の盗賊が川を渡るためには，川を少なくとも何回横断しなければならないか．

26　結婚記念日のパーティー

　この一連のパズルでは，夫婦が結婚記念日のパーティーで子供たちの年齢について発言すると想像してみよう．子供たちは結婚後に生まれたので，どの子供も結婚後の年数よりも若いと仮定する．それぞれの問題では，夫婦が「今夜，3人の子供の年齢の和と積をスミスに教えたが，スミスは子供たちの年齢を当てることができなかった」と発言する．夫婦はそれに続けて，次に述べるようなさまざまな補足の発言をする．それぞれのパーティーは別の夫婦が開催したものなので，すべての問題は互いに無関係である．スミス，ジョーンズ，ブラウンの論理的思考に誤りはないものと仮定する．このとき，それぞれの問題において，子供たちの年齢を求めよ．

(a)　結婚10周年の記念パーティーで，A夫妻は「1年前，ジョーンズは同じ問題に正解できなかった」とも述べた．

(b)　結婚30周年の記念パーティーで，B夫妻は「1年前，ジョーンズは同じ問題に正解できなかった．また，3年前，ブラウンは

26 結婚記念日のパーティー

同じ問題に正解できなかった」とも述べた．

(c) 結婚30周年の記念パーティーで，C夫妻は「4年前，ブラウンは同じ問題に正解できなかった．また，今夜，ジョーンズはスミスの答えを聞いたあとでも同じ問題に正解できなかった」とも述べた．

(d) 結婚30周年の記念パーティーで，D夫妻は「4年前，ジョーンズは同じ問題に正解できなかった．また，7年前，ブラウンは同じ問題に正解できなかった」とも述べた．

(e) 結婚30周年の記念パーティーで，E夫妻は「5年前，ジョーンズは同じ問題に正解できなかった．また，6年前，ブラウンは同じ問題に正解できなかった」とも述べた．

(f) 結婚30周年の記念パーティーで，F夫妻は「2年前，ジョーンズは同じ問題に正解できなかった．また，10年前，ブラウンは同じ問題に正解できなかった」とも述べた．

(g) 結婚28周年の記念パーティーで，G夫妻は「2年前，ジョーンズは同じ問題に正解できなかった．また，6年前，ブラウンは同じ問題に正解できなかった」とも述べた．

(h) 結婚28周年の記念パーティーで，H夫妻は「4年前，ジョーンズは同じ問題に正解できなかった．また，8年前，ブラウンは同じ問題に正解できなかった」とも述べた．

次の一連のパズルでは，記念パーティーの夜に，夫婦がスミスとジョーンズに3人の子供たちの年齢の和と年齢の3乗の和を教えたことを除いて，これまでと同じ条件である．

(i) 結婚25周年の記念パーティーで，I夫妻は「1年前，ジョーンズは同じ問題に正解できなかった」とも述べた．

(j) 結婚20周年の記念パーティーで，J夫妻は「2年前，ジョーンズは同じ問題に正解できなかった」とも述べた．

(k) 結婚25周年の記念パーティーで，K夫妻は「3年前，ジョーンズは同じ問題に正解できなかった」とも述べた．

(l) 結婚25周年の記念パーティーで，L夫妻は「4年前，ジョーンズは同じ問題に正解できなかった」とも述べた．

(m) 結婚30周年の記念パーティーで，M夫妻は「9年前，ジョーンズは同じ問題に正解できなかった」とも述べた．

第5章

確率のパズル

27　ギャンブラーもビックリ

　100枚のカードがある．そのうちの75枚には「勝ち」と書かれており，残りの25枚には「負け」と書かれている．あなたは，10,000ドルから始めて，100枚のカードそれぞれについて，賭け率が1対1の勝負に手持ちの金額の90％を賭けなければならない．あなたの手元には最終的にいくら残っているだろうか．75枚の「勝ち」と25枚の「負け」の代わりに，80枚の「勝ち」と20枚の「負け」だとしたら，最終的にいくら残っているだろうか．

28　テンジー

　テンジーというゲームは，通常のサイコロを10個振り，その中でもっとも多く現れた目を目標の目に決める．それに続けてサイコロを振ったら，目標の目が出たサイコロは脇によけ，残りのサイコロを振ることを繰り返す．10個すべてが目標の目になったら，サイコロを振るのを止める．テンジーで，サイコロを振る回数の期待値はいくつになるか．

29 ミニビンゴ

図のような中央にフリースポットのある 3 行 3 列だけのカードを使ったミニビンゴを考えてみよう．列には B, N, G と名前がつけられている．B 列のそれぞれのマスには，1 から 6 までの数が重複せずに入っている．N 列のそれぞれのマスには，7 から 12 までの数が重複せずに入っている．G 列のそれぞれのマスには，13 から 18 までの数が重複せずに入っている．このようなカードとしては，$T_6 = 6^3 \times 5^3 \times 4^2 = 1{,}728{,}000$ 通りの場合がありうる．全員が相異なるカードをもつ 1,728,000 人が参加するミニビンゴ大会を想像してみよう．18 個の数の中から一つずつ無作為に取り出したら，それを元に戻すことはせずにゲームは進行する．そのときまでに取り出された数によってカードのいずれかの列または行または対角線が完成したら当選である．カードが当選になれば，そのカードをもつ参加者は直ちに「ビンゴ」と叫び，ゲームはそこで終わる．

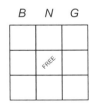

(a) 当選が確実に出るまでに，何個の数を引くことが必要だろうか．

(b) ゲームが終了したときには常に複数の当選者がいて，その当選者のグループは，全員が行または対角線で揃っているか，または，全員が列で揃っているかのいずれかである．これらの場合をそれぞれ「行揃い」と「列揃い」と呼ぶ．このミニビンゴで「行揃い」になる確率はどれだけか．

30 通常のビンゴ

通常のビンゴのカードは，図に示したような5行5列で中央のマスがフリースポットになっている．それぞれの列は，B, I, N, G, O という名前がついている．B列のそれぞれのマスには1から15までの数が重複せずに入っている．そして，I列のそれぞれのマスには16から30までの数が重複せずに入っているというように続き，最後は，O列のそれぞれのマスには61から75までの数が重複せずに入っている．このようなカードとしては，$T_{15} = (15 \times 14 \times 13 \times 12)^5 \times 11^4 = 5.52446 \times 10^{26}$ 通りの場合がありうる．全員が相異なるカードをもつ T_{15} 人が参加するビンゴ大会を想像してみよう．75個の数の中から一つずつ無作為に取り出したら，それを元に戻すことはせずにゲームは進行する．そのときまでに取り出された数によってカードのいずれかの列または行または対角線が完成したら当選である．カードが当選になれば，そのカードをもつ参加者は直ちに「ビンゴ」と叫び，ゲームはそこで終わる．

(a) 当選が確実に出るまでに，何個の数を引くことが必要だろうか．

(b) ゲームが終了したときには常に複数の当選者がいて，その当選者のグループは，全員が行または対角線で揃っているか，または，全員が列で揃っているかのいずれかである．これらの場合をそれぞれ「行揃い」と「列揃い」と呼ぶ．このビンゴで「行揃い」になる確率はどれだけか．

31 公平な決闘

　スミスとブラウンは，互いに決闘を申し込んだ．二人は，どちらかが相手に命中させるまで，交互に相手に向かって引き金を引く．スミスは，ブラウンに命中させることは常に 40％ しかできず，ブラウンよりも射撃が下手なので先に引き金を引く．二人は，決闘がどちらかの有利にならないように取り決めていた．ブラウンがスミスに命中させる確率はどれだけか．

32 テニスのゴールデンセット

　テニスでは，一方のプレーヤーが 1 ポイントも落とさずに 24 ポイント連取して 1 セットを取ることをゴールデンセットという．グランドスラム（4 大大会）の試合は，女子は 3 セットのうちの 2 セット先取，男子は 5 セットのうちの 3 セット先取で争われる．硬貨を弾くことで得点が決まるとすると，(a) 女子の試合の中で，(b) 男子の試合の中で，ゴールデンセットになる確率はどれだけか．

33 バス代ルーレット

(a) あなたは 2 ドルしか手元になくラスベガスで身動きがとれない．町から出る唯一の方法は，4 ドルのバスの切符を買えるだけのお金を手に入れることであり，4 ドルを手に入れる唯一の方法は，手持ちの金額を使ってルーレット台で賭けることである．あなたにとって最適な賭けの戦略は何か．そして，あなたが町から出られる確率はどれだけか．

(b) (a) と同じ問題で，町から出るバスのチケットが 5 ドルだとしたらどうか．

賭けることのできる場所とその配当は，次の図のとおり．

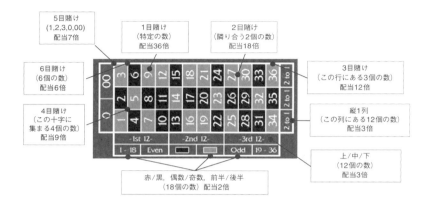

34 色つきボールの箱 ────────────────

(a) 箱の中には合計で n 個のボールが入っている．ボールの色は2種類で，それぞれの色のボールは n_1 個と n_2 個である．実験は，箱の中から無作為にボールを取り出したら箱に戻さずに，箱の中のボールが一色だけになるまで続けられる．このとき，実験が終わった時点で箱の中にあるボールの個数の期待値を求めよ．

(b) 今度は，箱の中のボールの色は3種類で，それぞれの色のボールの個数は n_1, n_2, n_3 である．実験は，箱の中から無作為にボールを取り出したら箱に戻さずに，箱の中のボールが一色だけになるまで続けられる．実験に着手する時点で，実験が終わったときに箱の中に残っているボールの個数の期待値を計算したら，整数であることが分かった．また，n_1, n_2, n_3 のどの二つも互いに素であることが分かっている．このとき，このよう

な n_1, n_2, n_3 がとりうる最小値を求めよ．また，その実験が終わったときに箱に残っているボールの個数の期待値を求めよ．

(c) 今度も，箱の中のボールの色は3種類である．この問題では，どれかの色の最後のボールが取り出されたときに実験は終わる．これで，箱の中には残りの2種類の色のボールが残っている．実験に着手する時点で，実験が終わったときに箱の中に残っているボールの個数の期待値を計算したら，整数であることが分かった．最初，箱の中にはそれぞれの色のボールは何個あったか．また，その実験が終わったときに箱に残っているボールの個数の期待値を求めよ．

35 双六

マス0から出発し，マス M に至る長い道のりの双六を想像してみよう．それぞれの手番では，公平な6面のサイコロを振って，出た目の数だけマスを進む．マス M に到達するかそこを通り過ぎると，ゲームは終了する．あなたは，このようなゲームに21回挑戦することに決めた．M が100よりも大きいとすると，21回のゲームを完了するまでのサイコロを振る回数の期待値にもっとも近い整数を求めよ．

第6章

解析のパズル

36 あわただしい空港

あなたは，空港で搭乗口に向かって歩いていて，靴紐を結ぶために1分間だけ立ち止まらなければならないことに気づく．あなたは，もうすぐ動く歩道にたどり着くことが分かっている．動く歩道に乗るまで靴紐を結ぶのを待つべきだろうか，それとも，搭乗口にできるだけ早く着こうとするときに何ら違いは生じないのだろうか．歩いてるときには，地面や動く歩道に対して一定の速度で進むものと仮定する．

37 どの食事？

ケビンが食事を始めたとき，時計の文字盤で分針（長針）が指していたのは，時針（短針）が指していた秒刻みのちょうど一つ先にある秒刻みであった[訳注1]．ケビンはどの食事をとっているのだろか．

[訳注1] 時計の文字盤には等間隔で60個の秒刻みがある．

38 熾烈な競争

3匹のネコと1匹のネズミは，正四面体の辺上だけを動くことができる．ネコは目が見えないが，ネズミと出会えば捕まえることができる．1匹のネコはネズミの最高速度よりも1％だけ速く移動することができ，残りの2匹のネコはネズミの最高速度の半分よりも1％だけ速く移動することができる．このとき，ネズミを捕まえるためのネコの作戦を考案せよ．

39 親族訪問

3人の兄弟アダム，ビル，チャールズが，おじいさんを訪問する計画を立てた．競技用自転車が1台だけあるが，おじいさんの家に3時間で行かなければならない．アダムだけがこの自転車をこぐことができて，誰も乗せていなければ時速40マイルで走ることができ，同乗者を運ぶときには時速30マイルになる．2人の同乗者を同時に乗せることはできない．ビルは時速6マイル，チャールズは時速9マイルで歩く．この3兄弟が3時間のうちにたどり着けるおじいさんの家までの最大距離はどれだけか．

40 対数問題

$x = \log_{16} 7 \times \log_{49} 625$ と定義する．x を使って $\log_{10} 2$ を表わす式を求めよ．ただし，その式に現れる定数は整数だけとする．

41 多項式問題 1

$P(x,y) = a_0 + a_1 x + a_2 y + a_3 x^2 + a_4 xy + a_5 y^2 + a_6 x^3 + a_7 x^2 y + a_8 xy^2 + a_9 y^3$ と定義する.

$P(0,0) = P(1,0) = P(-1,0) = P(0,1) = P(0,-1) = P(1,1) = P(1,-1) = P(12,12) = 0$ であるとする.

$a, b, c > 1$ を整数とするとき,このように定義されるすべての多項式に対して $P(x_0, y_0) = 0$ となるような点 $(x_0, y_0) = (a/c, b/c)$ を求めよ.

42 多項式問題 2

方程式 $xy + x + 5y + 13 = 8x^3$ は整数解 $(x, y) = (1, -1)$ をもつ.

(a) x と y がともに整数であるような解はほかに何個あるか.

(b) x と y がともに素数であるような解を求めよ.ただし,素数の符号を変えたものも素数とみなす.

(c) x と y がともに負の整数であるような解を求めよ.

43 直列素数三角形 ───────────

次の図（寸法は正しくない）は，辺を共有する3個のピタゴラスの三角形[訳注2]を示している．*All-Star Mathlete Puzzles* (2009) で，ディック・ヘスは $x_0 = 271$, $x_1 = 36{,}721$, $x_2 = 674{,}215{,}921$ という解があることを示した．

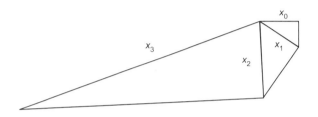

(a) 直列になったピタゴラスの三角形3個で，x_0, x_1, x_2, x_3 が素数になる別解を見つけよ．

(b) 同じように直列になったピタゴラスの三角形4個で，x_0, x_1, x_2, x_3, x_4 がすべて素数である例を見つけよ．

[訳注2] ピタゴラスの三角形は，3辺の長さがともに整数であるような直角三角形である．

44 養鶏業

アベルとバリーは，それぞれ養鶏業を営んでいる．

アベル「私のところでは，$1\frac{1}{7}$ 羽のニワトリが $1\frac{1}{5}$ 日に $1\frac{1}{6}$ 個の卵を産む.」

バリー「私のところでは，$1\frac{1}{5}$ 羽のニワトリが $1\frac{1}{7}$ 日に $1\frac{1}{6}$ 個の卵を産む.」

(a) 生産性が高いのはどちらの養鶏場のニワトリだろうか．

(b) アベルは48羽のニワトリを飼っている．1日の終わりにちょうど整数個の卵が得られる最初の日まで何日待たなければならないか．その時点で，アベルの養鶏場で得られた卵は何個か．

(c) バリーは300羽のニワトリを飼っている．1日の終わりにちょうど整数個の卵が得られる最初の日まで何日待たなければならないか．その時点で，バリーの養鶏場で得られた卵は何個か．

45 騎士のジレンマ

「その優れた才気に対する褒美として」と王は言った．「1日で歩いてまわることのできる土地を与えよう．この杭を何本か持っていき，歩いた道沿いの土地に杭を打ち，24時間以内に出発地点に戻ってこい．その杭が作る多角形の内側にある土地全部がお前のものだ．」騎士はそれぞれの杭を打つのに n 秒かかり，彼の土地を最大にする正多角形の道には n 本の辺があることに気づいた．騎士は分速100フィートの一定速度で歩くとしたら，どれだけの土地をもらえるだろうか．

46 正三角形からもっとも離れた三角形 ─────

図のような任意の三角形 ABC の内部に，それぞれの頂点を通る直線の交点として三角形 $A'B'C'$ ができている．n を 2 より大きい整数として，角度 (α, β, γ) は，$\alpha = A/n$, $\beta = B/n$, $\gamma = C/n$ になっている．$n = 3$ の場合は，モーリーの定理として知られていて，ABC をどのように選んでも $A'B'C'$ は正三角形になることに注意しよう．$A'B'C'$ のそれぞれの角度を A', B', C' とするとき，式 $f = |A' - B'| + |A' - C'| + |B' - C'|$ が最大になるようにして，$A'B'C'$ が正三角形からできるだけ逸脱するように A, B, C と n を選べ．また，f の最小上界（上限）を求め，その最小上界に対応する極限の三角形 $A'B'C'$ の角度を決定せよ．

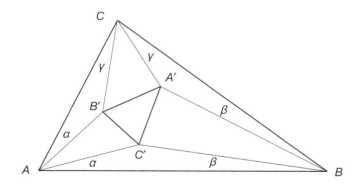

47 薬剤師

(a) 容量 5 ml の空の薬瓶，容量 4 ml の空の薬瓶，給水設備，流し台があり，薬瓶にいつでも入れることのできる水溶性の錠剤が 1 錠だけある．どの正整数 $n < 100$ に対して，錠剤 1 錠の $n\%$（を含んだ水溶液）を正確に測ることができるか．

次のそれぞれの薬瓶についても同じ問題に答えよ．

(b) 容量 5 ml と 1 ml の薬瓶．

(c) 容量 9 ml と 1 ml の薬瓶．

(d) 容量 8 ml と 5 ml の薬瓶．

(e) 容量 12 ml と 5 ml の薬瓶．

第7章

物理のパズル

48 ボート遊びでの驚き

プールに浮かんだボートに男が乗っている．ボートに積んだ大きな岩を，船上から水中に投げ込む．このとき，プールの壁面での水位は，元の位置と変わらない．その理由を説明せよ．

49 釣り合い問題

それぞれの問題では，おもりの組み合わせが壁の釘から吊り下げられている．指定された集合の中から整数値のおもりを重複しないように選んで，すべての棹が釣り合うようにせよ．棹の重さはないものと仮定する．

(a) 次の図において，1以上115以下の整数値から重複しないようにおもりA–Eを選んで，すべての棹が釣り合うようにせよ．

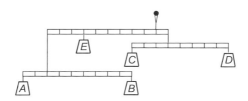

(b) 次の図において，1以上 75 以下の整数値から重複しないようにおもり A–F を選んで，すべての棒が釣り合うようにせよ．

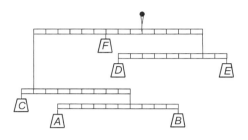

(c) 次の図において，1以上 794 以下の整数値から重複しないようにおもり A–F を選んで，すべての棒が釣り合うようにせよ．

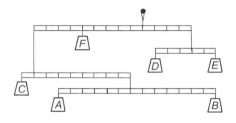

(d) 次の図において，1以上 140 以下の整数値から重複しないようにおもり A–F を選んで，すべての棒が釣り合うようにせよ．

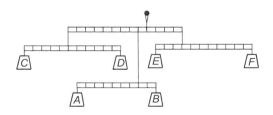

(e) 次の図において，1以上140以下の整数値から重複しないようにおもり A–F を選んで，すべての棹が釣り合うようにせよ．

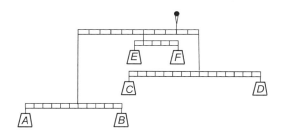

(f) 次の図において，1以上135以下の整数値から重複しないようにおもり A–F を選んで，すべての棹が釣り合うようにせよ．

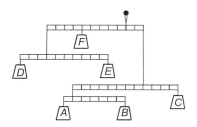

(g) 次の図において，1以上190以下の整数値から重複しないようにおもり A–F を選んで，すべての棹が釣り合うようにせよ．

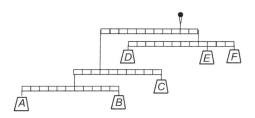

(h) 次の図において，1以上65以下の整数値から重複しないようにおもり A–F を選んで，すべての棒が釣り合うようにせよ．

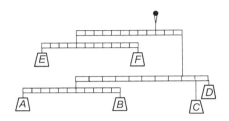

(i) 次の図において，1以上130以下の整数値から重複しないようにおもり A–F を選んで，すべての棒が釣り合うようにせよ．

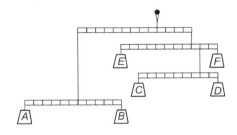

(j) 次の図において，1以上30以下の整数値から重複しないようにおもり A–E を選んで，すべての棒が釣り合うようにせよ．

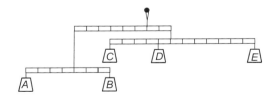

49 釣り合い問題

次の一連の問題では，それぞれおもりの組み合わせが壁の釘から吊り下げられている．それぞれの棹は1目盛あたり1単位の重さがあり，重さは棹に沿って一様に分布している．

(k) 次の図において，1以上92以下の整数値から重複しないようにおもりA–Fを選んで，すべての棹が釣り合うようにせよ．

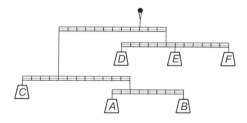

(l) 次の図において，1以上800以下の整数値から重複しないようにおもりA–Fを選んで，すべての棹が釣り合うようにせよ．

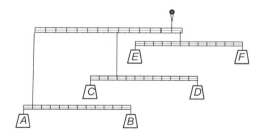

40　　　　　　　　　　　第7章　物理のパズル

(m)　次の図において，1以上270以下の整数値から重複しないように おもり A–F を選んで，すべての棒が釣り合うようにせよ．

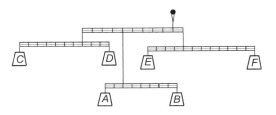

(n)　次の図において，1以上70以下の整数値から重複しないように おもり A–F を選んで，すべての棒が釣り合うようにせよ．

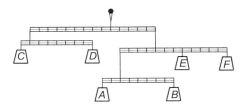

50 吊るされた棒

　長さが3単位の一様な太さの棒 BC が，天井の5単位離れた2点 A と D から紐で吊るされている．紐の長さ AB および CD は，図に示したようにそれぞれ2単位および4単位の長さである．

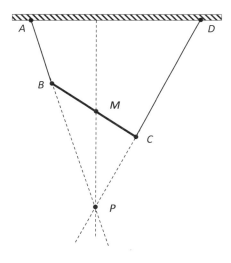

(a) 棒の中心 M から鉛直に下ろした直線は，2本の紐の延長と点 P で交わることを示せ．

(b) 内角 A, B, C, D の大きさを求めよ．

51 倒れる梯子

一様な太さの梯子が，次の図のように摩擦のない二つの壁の間に角度 θ_0 で立てかけられていて，その壁と壁の間の床とも摩擦がない．梯子は，点 B で床と壁に，そして，点 U で壁の溝に差し込まれていて，梯子の両端が床や壁から離れることはない．梯子は曲がることはなく，$g = 32$ フィート/秒^2 の一様な重力場に置かれている．点 M にある試験質量は天井から吊り下げられている．学生は，壁を動かして θ_0 を調節したり，試験質量の高さを変えたりすることで，常に試験質量と梯子の上端が同じ高さになるようにできる．3 人の学生は，それぞれの行なった実験を報告した．

学生 A「私は，両方の壁を取り除くのと同時に，試験質量を吊るした紐を切った．このとき，試験質量と梯子は同時に床にぶつかった．」

学生 B「私は，右側の壁を取り除くのと同時に，試験質量を吊るした紐を切った．このとき，試験質量と梯子は同時に床にぶつかった．」

学生 C「私は，左側の壁を取り除くのと同時に，試験質量を吊るした紐を切った．このとき，試験質量と梯子は同時に床にぶつかった．」

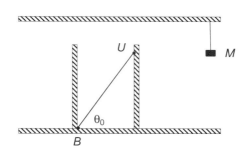

(a) 学生 A が実験に用いた θ_0 の値を求めよ．

(b) 学生 B と学生 C がそれぞれ実験に用いた θ_0 の値の差を求めよ．

第8章

台形のパズル

円に内接する整辺等脚台形

　次のいくつかのパズルは，半径が整数の円に内接する，辺の長さが整数の等脚台形（整辺等脚台形）に関するものである．次の図に示すように，2種類の整辺等脚台形がある．等脚台形は，平行な2辺の長さが $a < b$ であり，平行でない2辺の長さが等しく c であるような四角形である．これらのパズルのあるものは，計算機による探索が有効だろう．

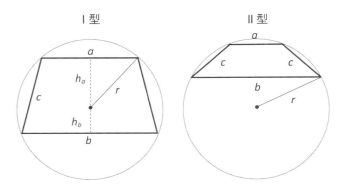

52 最小の整辺等脚台形

(a) 最小の半径をもつ円に内接する整辺等脚台形を求めよ．

(b) その次に小さい r の整辺等脚台形で $a=1$ となるものを求めよ．

(c) その次に小さい r の整辺等脚台形で $a=1$ かつ $b=2r$ となるものを求めよ．

(d) $a=1$ かつ $b=2r$ となるような整辺等脚台形の無限集合を求めよ．

53 最小の半径の円

(a) $a=1$ かつ b と c がともに偶数であるような整辺等脚台形が内接し，半径が整数の円のうち，最小のものを求めよ．

(b) また，同じような整辺等脚台形が内接する円で半径がその次に小さい整数のものを求めよ．

54 素数整辺等脚台形

(a) r, b, a, c がすべて異なる素数であるような整辺等脚台形を二つ求めよ．

(b) *その二つ以外にもこのような整辺等脚台形はあるか．（*その答えは知られていない．）

(c) r, b, a, c がすべて素数だが，同じものがあってもよいような整辺等脚台形を求めよ．

(d) *その中で，$r \neq c$ となるようなものはあるか．（*その答えは知られていない．）

55 ぺしゃんこ整辺等脚台形

(a) $c=1$ かつ $r>10$ であるような整辺等脚台形を求めよ．

(b) $c=1$ であるような整辺等脚台形の無限系列を求めよ．

56 とんがり整辺等脚台形

(a) $c/b>5$ であるような整辺等脚台形で r が最小のものを求めよ．

(b) $c/b>10$ であるような整辺等脚台形で r が最小のものを求めよ．

(c) c/b がいくらでも大きい整辺等脚台形を元とする無限集合を求めよ．

57 ほぼ正方形の整辺等脚台形

ほぼ正方形になった整辺等脚台形を考え，その整辺等脚台形がどれほど正方形に近いかの尺度として $q=(b-a+|c-b|)/b$ を使う．（q が小さければ小さいほど，その整辺等脚台形は正方形に近い．）

(a) $q<0.2$ であるような整辺等脚台形で最小のものを二つ求めよ．

(b) q がいくらでも 0 に近づくような整辺等脚台形の無限系列を求めよ．

58 高さが整数の整辺等脚台形

高さ h_a と h_b がともに整数であるような整辺等脚台形で，r が最小のものを求めよ．

正方形に内接する整辺等脚台形

次のいくつかのパズルは，辺の長さが整数 s の正方形に内接する，辺の長さが整数の等脚台形（整辺等脚台形）に関するものである．次の図に示すように，4種類の整辺等脚台形がある．等脚台形は，平行な2辺の長さが $a < b$ であり，平行でない2辺の長さが等しく c であるような四角形である．これらのパズルのあるものは，計算機による探索が有効だろう．

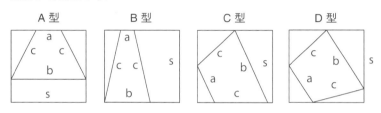

59 正方形に内接する最小の整辺等脚台形 ─────

(a) 整辺等脚台形が内接し，辺の長さが整数の正方形のうち，最小のものを求めよ．

(b) B型，C型，D型の整辺等脚台形がそれぞれ内接し，辺の長さが整数の正方形のうち，最小のものを求めよ．

(c) $c > b$ であるようなA型の整辺等脚台形が内接し，辺の長さが整数の正方形のうち，最小のものを求めよ．

(d) $b/c \leq 0.9$ であるようなA型の整辺等脚台形が内接し，辺の長さが整数の正方形のうち，最小のものを求めよ．

60　a と s が等しい整辺等脚台形

(a) $a = s$ であるような整辺等脚台形が内接し，辺の長さが整数の正方形のうち，最小のものを求めよ．

(b) 辺の長さが整数の正方形に内接し，$a = s$ であるような整辺等脚台形の無限系列を求めよ．

61　a と c が等しい整辺等脚台形

(a) $a = c$ であるような（A型以外の）整辺等脚台形が内接し，辺の長さが整数の正方形のうち，最小のものを求めよ．

(b) 辺の長さが整数の正方形に内接し，$a = c$ であるような（A型以外の）整辺等脚台形の無限系列を求めよ．

62　x と u が等しい整辺等脚台形

(a) $x = u$ であるようなC型の整辺等脚台形が内接し，辺の長さが整数の正方形のうち，最小のものを求めよ．

(b) 辺の長さが整数の正方形に内接し，$x = u$ であるようなC型の整辺等脚台形の無限系列を求めよ．

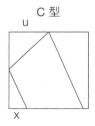

63 b/s が 1.4 より大きい整辺等脚台形

(a) $b/s > 1.4$ であるような C 型の整辺等脚台形が内接し，辺の長さが整数の正方形のうち，最小のものを求めよ．

(b) 辺の長さが整数の正方形に内接し，b/s がいくらでも 2 に近づくような C 型の整辺等脚台形の無限系列を求めよ．

(c) $b/s > 1.4$ であるような D 型の整辺等脚台形が内接し，辺の長さが整数の正方形のうち，最小のものを求めよ．

(d) 辺の長さが整数の正方形に内接し，b/s がいくらでも 2 に近づくような D 型の整辺等脚台形の無限系列を求めよ．

64 b/s がそれぞれ 0.8, 0.75, 0.71 より小さい整辺等脚台形

(a) $b/s < 0.8$ であるような整辺等脚台形が内接し，辺の長さが整数の正方形のうち，最小のものを求めよ．

(b) $b/s < 0.75$ であるような整辺等脚台形が内接し，辺の長さが整数の正方形のうち，最小のものを求めよ．

(c) $b/s < 0.71$ であるような整辺等脚台形が内接し，辺の長さが整数の正方形のうち，最小のものを求めよ．

65 被覆率最小の整辺等脚台形

(a) 辺の長さが整数の正方形で，内接する整辺等脚台形の面積が正方形の面積の 0.5000005 より小さくなるようなもののうち，最小のものを求めよ．

(b) 内接する整辺等脚台形の面積と s^2 の比がいくらでも 1 : 2 に近づくような無限系列を求めよ．

66 最大の正方形

辺の長さが整数で D 型の整辺等脚台形が内接できないような正方形のうち，最大のものを求めよ．

67 複数解

2 種類以上の辺の長さが整数の正方形に内接できるような最小の整辺等脚台形を求めよ．

68 最小の正方形

(a) 辺の長さが整数で 2 種類以上の整辺等脚台形が内接できるような正方形のうち，最小のものを求めよ．

(b) 辺の長さが整数で 45 種類の整辺等脚台形が内接できるような正方形のうち，最小のものを求めよ．

(c) $a \leq c \leq b$ かつ $(b-a)/a \leq 0.01$ であるような整辺等脚台形が内接し，辺の長さが整数の正方形のうち，最小のものを求めよ．

(d) $a \leq c \leq b$ かつ $(b-a)/a \leq 0.01$ であるような D 型の整辺等脚台形が内接し，辺の長さが整数の正方形のうち，最小のものを求めよ．

(e) $(b-a)/a$ が小さくなって，いくらでも 0 に近づくような D 型の整辺等脚台形が内接し，辺の長さが整数の正方形の無限系列を求めよ．

(f) C型またはD型の2種類以上の整辺等脚台形が内接し，辺の長さが整数の正方形のうち，最小のものを求めよ．

(g) $b=s$であるようなD型の整辺等脚台形が内接し，辺の長さが整数の正方形のうち，最小のものを求めよ．

(h) $b=s$であるような2種類のD型の整辺等脚台形が内接し，辺の長さが整数の正方形のうち，最小のものを求めよ．

(i) A型以外の整辺等脚台形が内接し，辺の長さが奇数の正方形のうち，最小のものを二つ求めよ．この二つの場合で，整辺等脚台形は異なるものになる．

第9章

砂漠のジープ隊

　この章の問題は，砂漠のジープ隊を扱う．ジープ隊は，限りなく燃料を供給できる補給基地のある A 地点から出発する．すべてのジープは，A 地点か，A 地点から可能な限り離れた受け渡し地点 B で仕事を終えなければならない．ジープはすべて同一車種であり，満タンで単位距離を進むことができる．また，距離に比例した量の燃料を消費し，その比率は一定である．ジープはほかのジープを牽引したり，燃料タンク以外で燃料を運ぶことはできない．

69　1台のジープによる片道旅行

　あなたはジープを1台所有していて，補給基地からできるだけ離れた B 地点に行き，そこで仕事を終えようとしている．あとで使うために砂漠の中に燃料を置いておくことが許される．

(a) 2タンク分の燃料しか使えないとしたら，どれほど遠くまで行くことができるか．

(b) 1.9タンク分の燃料しか使えないとしたら，どれほど遠くまで行くことができるか．

(c) 1.33単位の距離を行くためには，どれだけの燃料が必要か．

- (d) 3タンク分の燃料しか使えないとしたら，どれほど遠くまで行くことができるか．
- (e) 2.5タンク分の燃料しか使えないとしたら，どれほど遠くまで行くことができるか．
- (f) 1.5単位の距離を行くためには，どれだけの燃料が必要か．
- (g) 2単位の距離を行くためには，どれだけの燃料が必要か．

70　1台のジープによる往復旅行

　あなたはジープを1台所有していて，補給基地からできるだけ離れたB地点に荷物を届け，補給基地に戻ってこなければならない．あとで使うために砂漠の中に燃料を置いておくことが許される．

- (a) 3タンク分の燃料しか使えないとしたら，B地点までの最大距離はどれだけか．
- (b) 6タンク分の燃料しか使えないとしたら，B地点までの最大距離はどれだけか．
- (c) B地点までの距離が0.7単位だとしたら，どれだけの燃料が必要か．
- (d) 2.5タンク分の燃料しか使えないとしたら，B地点までの最大距離はどれだけか．
- (e) B地点までの距離が1単位だとしたら，どれだけの燃料が必要か．
- (f) B地点までの距離が1.5単位だとしたら，どれだけの燃料が必要か．

71　2台のジープによる1台の片道旅行

　あなたは2台のジープを所有している．ジープ1は，補給基地からできるだけ離れた B 地点に荷物を届けなければならない．ジープ1は，B 地点で仕事を終える．ジープ2は，ジープ1を支援して，A 地点で仕事を終える．燃料は，2台のジープの間でだけ移してよい．あとで使うために砂漠の中に燃料を置いておくことは許されない．

(a) 2タンク分の燃料しか使えないとしたら，B 地点までの最大距離はどれだけか．

(b) 2.5タンク分の燃料しか使えないとしたら，B 地点までの最大距離はどれだけか．

(c) B 地点までの距離が $13/9$ 単位だとしたら，どれだけの燃料が必要か．

(d) B 地点までの距離が 1.47 単位だとしたら，どれだけの燃料が必要か．

(e) B 地点までの距離が 1.495 単位だとしたら，どれだけの燃料が必要か．

72　2台のジープによる2台の片道旅行

　あなたは2台のジープを所有している．2台のジープは，それぞれ補給基地からできるだけ離れた B 地点に荷物を届けなければならない．2台のジープは，B 地点で仕事を終える．燃料は，2台のジープの間でだけ移してよい．あとで使うために砂漠の中に燃料を置いておくことは許されない．

(a) 3タンク分の燃料しか使えないとしたら，B 地点までの最大距離はどれだけか．

(b) B 地点までの距離が 11/9 単位だとしたら，どれだけの燃料が必要か．

(c) B 地点までの距離が 1.23 単位だとしたら，どれだけの燃料が必要か．

(d) 5タンク分の燃料しか使えないとしたら，B 地点までの最大距離はどれだけか．

(e) 4.95 タンク分の燃料しか使えないとしたら，B 地点までの最大距離はどれだけか．

(f) B 地点までの距離が 1.2475 単位だとしたら，どれだけの燃料が必要か．

73　2台のジープによる1台の往復旅行

あなたは2台のジープを所有している．ジープ1は，補給基地からできるだけ離れた B 地点に荷物を届け，補給基地に戻ってこなければならない．ジープ2は，ジープ1を支援して，補給基地で仕事を終える．燃料は，2台のジープの間でだけ移してよい．あとで使うために砂漠の中に燃料を置いておくことは許されない．

(a) 3タンク分の燃料しか使えないとしたら，B 地点までの最大距離はどれだけか．

(b) 3.5 タンク分の燃料しか使えないとしたら，B 地点までの最大距離はどれだけか．

(c) B 地点までの距離が 0.97 単位だとしたら，どれだけの燃料が必要か．

(d) B 地点までの距離が 53/54 単位だとしたら,どれだけの燃料が必要か.

(e) B 地点までの距離が 59/60 単位だとしたら,どれだけの燃料が必要か.

(f) 7.8 タンク分の燃料しか使えないとしたら,B 地点までの最大距離はどれだけか.

(g) B 地点までの距離が 99/100 単位だとしたら,どれだけの燃料が必要か.

74 2台のジープによる2台の往復旅行

あなたは2台のジープを所有している.2台のジープは,補給基地からできるだけ離れた B 地点に荷物を届け,補給基地に戻ってこなければならない.燃料は,2台のジープの間でだけ移してよい.あとで使うために砂漠の中に燃料を置いておくことは許されない.

(a) 4 タンク分の燃料しか使えないとしたら,B 地点までの最大距離はどれだけか.

(b) B 地点までの距離が 0.7 単位だとしたら,どれだけの燃料が必要か.

(c) 6 タンク分の燃料しか使えないとしたら,B 地点までの最大距離はどれだけか.

(d) 7 タンク分の燃料しか使えないとしたら,B 地点までの最大距離はどれだけか.

(e) B 地点までの距離が 0.74 単位だとしたら,どれだけの燃料が必要か.

(f) 9.2タンク分の燃料しか使えないとしたら，B地点までの最大距離はどれだけか．

(g) 9.8タンク分の燃料しか使えないとしたら，B地点までの最大距離はどれだけか．

(h) B地点までの距離が121/162単位だとしたら，どれだけの燃料が必要か．

75　2台のジープと2箇所の補給基地

あなたは2台のジープを所有している．2台のジープは，A地点からできるだけ離れたB地点に荷物を届けなければならない．A地点とB地点の両方に燃料の補給基地がある．燃料は，2台のジープの間でだけ移してよい．あとで使うために砂漠の中に燃料を置いておくことは許されない．

(a) B地点までの距離が1.25単位だとしたら，どれだけの燃料が必要か．

(b) B地点までの距離が1.34単位だとしたら，どれだけの燃料が必要か．

(c) 5.02タンク分の燃料しか使えないとしたら，B地点までの最大距離はどれだけか．

(d) 6.9タンク分の燃料しか使えないとしたら，B地点までの最大距離はどれだけか．

(e) B地点までの距離が1.475単位だとしたら，どれだけの燃料が必要か．

(f) 8.6タンク分の燃料しか使えないとしたら，B地点までの最大距離はどれだけか．

(g) 9.992 タンク分の燃料しか使えないとしたら，B 地点までの最大距離はどれだけか．

76 3台のジープによる1台の往復旅行

あなたは3台のジープを所有している．ジープ1は，A 地点の補給基地からできるだけ離れた B 地点に荷物を届け，補給基地に戻ってこなければならない．ジープ2とジープ3は，ジープ1を支援して，A 地点で仕事を終える．燃料は3台のジープの間でだけ移してよい．あとで使うために砂漠の中に燃料を置いておくことは許されない．

(a) B 地点までの距離が1単位だとしたら，どれだけの燃料が必要か．

(b) B 地点までの距離が1.005単位だとしたら，どれだけの燃料が必要か．

(c) B 地点までの距離が1.01単位だとしたら，どれだけの燃料が必要か．

(d) B 地点までの距離が1.04単位だとしたら，どれだけの燃料が必要か．

(e) 4.8タンク分の燃料しか使えないとしたら，B 地点までの最大距離はどれだけか．

(f) 5タンク分の燃料しか使えないとしたら，B 地点までの最大距離はどれだけか．

第10章
マスダイスのパズル

　サム・リッチーが2004年に考案したマスダイスというゲームは，今ではシンクファン社から販売されている．マスダイスでは，サイコロを投げて，（1から6までの）3個の数と，それらを1回ずつそして1回だけ使った数式で作る目標の数を決める．この章のそれぞれのパズルでは，決められた規則に従い，与えられた（0から9までの）3個の数を使って目標の数を作ることが課題である．

3個の数字を順番に

　前半の問題では，+, −, ×, ÷, べき乗，階乗，括弧，連結（すなわち，2個の数字を合わせて一つの数にする．たとえば，1と2を合わせて21を作る）を使ってもよい．根号や小数点，そして，そのほかの数学関数は使うことができない．それに加えて，いくつかのパズルでは数式に数字が昇順で現れなければならないし，ほかのパズルでは降順で現れなければならない．また，数式中のいかなる場所においても，符号を逆転させるためにマイナス記号を使うことはできない．

77　0, 1, 2を昇順に使って次の数を作れ

(a) 12
(b) 13
(c) 24（2通り）

78　1, 2, 3を昇順に使って次の数を作れ

(a) 12（2通り）
(b) 13
(c) 15
(d) 24（3通り）
(e) 27
(f) 36（2通り）
(g) 64（2通り）
(h) 72

79　2, 3, 4を昇順に使って次の数を作れ

(a) 14（2通り）
(b) 16（3通り）
(c) 20（2通り）
(d) 24（2通り）
(e) 30（3通り）
(f) 36（2通り）
(g) 40
(h) 47
(i) 54
(j) 60（2通り）
(k) 68
(l) 74
(m) 83
(n) 88
(o) 96

80 3, 4, 5を昇順に使って次の数を作れ

(a) 12
(b) 15 (2通り)
(c) 16
(d) 17
(e) 19
(f) 22
(g) 24 (3通り)
(h) 25 (2通り)
(i) 26
(j) 27
(k) 29 (2通り)
(l) 30
(m) 32 (2通り)
(n) 35 (3通り)
(o) 36
(p) 39
(q) 42
(r) 50
(s) 51
(t) 54
(u) 57
(v) 60 (2通り)
(w) 67
(x) 76
(y) 77
(z) 80
(a1) 86
(b1) 87
(c1) 90
(d1) 99

81 4, 5, 6を昇順に使って次の数を作れ

(a) 13
(b) 20
(c) 24 (3通り)
(d) 25
(e) 26
(f) 34
(g) 35
(h) 39
(i) 44 (2通り)
(j) 51
(k) 54 (2通り)
(l) 60
(m) 80 (2通り)

82　5, 6, 7を昇順に使って次の数を作れ

- (a) 18（2通り）
- (b) 23
- (c) 24
- (d) 27
- (e) 35
- (f) 37
- (g) 47
- (h) 49
- (i) 53
- (j) 63
- (k) 65
- (l) 72
- (m) 77
- (n) 78

83　6, 7, 8を昇順に使って次の数を作れ

- (a) 21
- (b) 34
- (c) 48（2通り）
- (d) 50
- (e) 59
- (f) 62
- (g) 75
- (h) 90（3通り）

84　7, 8, 9を昇順に使って次の数を作れ

- (a) 24
- (b) 47
- (c) 63
- (d) 65
- (e) 69
- (f) 70
- (g) 79
- (h) 87
- (i) 96

85　0, 2, 4を昇順に使って次の数を作れ

- (a) 17
- (b) 23

(c) 25 (2通り) (f) 72
(d) 30 (2通り) (g) 81
(e) 49

86 1, 3, 5を昇順に使って次の数を作れ

(a) 12   (g) 30
(b) 15   (h) 31
(c) 16   (i) 40
(d) 19   (j) 42
(e) 20 (2通り)   (k) 65
(f) 29

87 2, 4, 6を昇順に使って次の数を作れ

(a) 16   (i) 42
(b) 20 (2通り)   (j) 48 (3通り)
(c) 22   (k) 54
(d) 24   (l) 56
(e) 26 (2通り)   (m) 60 (2通り)
(f) 30   (n) 64
(g) 32   (o) 96
(h) 36 (2通り)

88 3, 5, 7を昇順に使って次の数を作れ

- (a) 13
- (b) 15
- (c) 18（2通り）
- (d) 22
- (e) 23
- (f) 24
- (g) 28
- (h) 36
- (i) 37
- (j) 38
- (k) 41
- (l) 42（2通り）
- (m) 56
- (n) 60（2通り）
- (o) 63
- (p) 72
- (q) 77

89 4, 6, 8を昇順に使って次の数を作れ

- (a) 12
- (b) 16（2通り）
- (c) 18（2通り）
- (d) 22
- (e) 26
- (f) 32（3通り）
- (g) 38（2通り）
- (h) 52
- (i) 54
- (j) 56
- (k) 72
- (l) 80
- (m) 90
- (n) 92
- (o) 93
- (p) 94

90 5, 7, 9を昇順に使って次の数を作れ

- (a) 21
- (b) 26
- (c) 41
- (d) 44
- (e) 48
- (f) 57

(g) 66 (i) 80
(h) 68 (j) 84

91 0, 3, 6を昇順に使って次の数を作れ

(a) 13 (e) 37（2通り）
(b) 19 (f) 42
(c) 24（2通り） (g) 64
(d) 30

92 1, 4, 7を昇順に使って次の数を作れ

(a) 11（2通り） (g) 32
(b) 12 (h) 35
(c) 18 (i) 47
(d) 21 (j) 48
(e) 24 (k) 98
(f) 31（2通り）

93 2, 5, 8を昇順に使って次の数を作れ

(a) 15 (h) 40
(b) 17（2通り） (i) 42
(c) 18 (j) 56
(d) 24 (k) 60
(e) 26 (l) 80
(f) 30 (m) 90
(g) 33

94　3, 6, 9 を昇順に使って次の数を作れ

- (a)　18
- (b)　21
- (c)　24（2通り）
- (d)　27（2通り）
- (e)　45（3通り）
- (f)　48
- (g)　75
- (h)　81（2通り）
- (i)　83
- (j)　86
- (k)　90

95　0, 4, 8 を昇順に使って次の数を作れ

- (a)　13
- (b)　15
- (c)　17
- (d)　33
- (e)　40
- (f)　48（2通り）
- (g)　49

96　1, 5, 9 を昇順に使って次の数を作れ

- (a)　15
- (b)　24
- (c)　46
- (d)　54
- (e)　59
- (f)　60
- (g)　80

97　1, 2, 3 を降順に使って次の数を作れ

- (a)　11
- (b)　18
- (c)　23
- (d)　27（2通り）
- (e)　32（3通り）
- (f)　35
- (g)　37
- (h)　63

98 1, 2, 4を降順に使って次の数を作れ

(a) 11
(b) 15
(c) 18
(d) 21
(e) 25（2通り）
(f) 26（3通り）
(g) 30
(h) 45
(i) 47
(j) 64

99 1, 2, 5を降順に使って次の数を作れ

(a) 11（2通り）
(b) 20
(c) 24（2通り）
(d) 26（2通り）
(e) 30
(f) 40
(g) 51
(h) 61
(i) 99

100 3, 5, 6を降順に使って次の数を作れ

(a) 12（2通り）
(b) 18
(c) 21（2通り）
(d) 24（3通り）
(e) 26
(f) 33（2通り）
(g) 36（3通り）
(h) 42
(i) 46
(j) 48（2通り）
(k) 59（2通り）
(l) 66
(m) 90（2通り）
(n) 100

101　3, 6, 7を降順に使って次の数を作れ

- (a)　13（2通り）
- (b)　21（2通り）
- (c)　24（2通り）
- (d)　39（2通り）
- (e)　42（2通り）
- (f)　49
- (g)　70（2通り）
- (h)　78
- (i)　80
- (j)　82
- (k)　84

102　3, 6, 8を降順に使って次の数を作れ

- (a)　14
- (b)　24（2通り）
- (c)　28
- (d)　48
- (e)　50
- (f)　55
- (g)　56
- (h)　57
- (i)　64（2通り）
- (j)　80
- (k)　96

103　3, 4, 7を降順に使って次の数を作れ

- (a)　11
- (b)　18（2通り）
- (c)　25（2通り）
- (d)　27
- (e)　28（3通り）
- (f)　31（3通り）
- (g)　35
- (h)　36
- (i)　37
- (j)　70
- (k)　71（2通り）

104　3, 4, 5を降順に使って次の数を作れ

(a)　11
(b)　12（2通り）
(c)　15（2通り）
(d)　16
(e)　20（2通り）
(f)　29（2通り）
(g)　30
(h)　32（2通り）
(i)　40（2通り）
(j)　51
(k)　56
(l)　90（3通り）
(m)　96（2通り）

105　3, 5, 8を降順に使って次の数を作れ

(a)　12
(b)　18（2通り）
(c)　24
(d)　27
(e)　28
(f)　32
(g)　48（2通り）
(h)　56
(i)　64（2通り）
(j)　78
(k)　88（2通り）

106　3, 7, 8を降順に使って次の数を作れ

(a)　14
(b)　15
(c)　24（2通り）
(d)　29（2通り）
(e)　49
(f)　56
(g)　63
(h)　81（2通り）
(i)　90（2通り）

107　3, 4, 8 を降順に使って次の数を作れ

(a) 12（3通り）
(b) 16（2通り）
(c) 24（4通り）
(d) 28
(e) 30
(f) 32（3通り）
(g) 35（2通り）
(h) 64（3通り）
(i) 72（3通り）
(j) 80（2通り）
(k) 96（2通り）

108　3, 4, 6 を降順に使って次の数を作れ

(a) 18
(b) 27（3通り）
(c) 33（2通り）
(d) 36（2通り）
(e) 40
(f) 58
(g) 60（2通り）
(h) 64
(i) 70（2通り）
(j) 72（2通り）
(k) 90（2通り）

109　4, 7, 9 を降順に使って次の数を作れ

(a) 15
(b) 16
(c) 18
(d) 24
(e) 26
(f) 39
(g) 48（2通り）
(h) 68
(i) 73
(j) 83
(k) 99

110　4, 8, 9 を降順に使って次の数を作れ

(a) 13（2通り）
(b) 24（2通り）
(c) 27
(d) 33（2通り）
(e) 36（2通り）
(f) 41（2通り）
(g) 68（2通り）
(h) 74
(i) 81
(j) 93
(k) 96

111　3, 4, 9 を降順に使って次の数を作れ

(a) 11（2通り）
(b) 17
(c) 20
(d) 21（2通り）
(e) 27
(f) 33（3通り）
(g) 39（3通り）
(h) 40
(i) 72（2通り）
(j) 73
(k) 88
(l) 99
(m) 100

三つの数 — 中級編

次の一連の問題では，$+$, $-$, $\times$, $\div$，べき乗，小数点[訳注1]，括弧，連結（すなわち，2個の数字を合わせて一つの数にする．たとえば，1と2を合わせて21を作る）を使ってもよい．根号や循環小数，そして，そのほかの数学関数は使えない．二つの式は，一方から他方を直接作り出すことができるならば，同じと考える．たとえば，$1 \div 2^{-3}$ と 1×2^3, $.6 \times 5 - 1$ と $6 \times .5 - 1$, $42 + 3$ と $43 + 2$ は，それぞれ等

[訳注1] たとえば .6 によって 0.6 を表わすこともできる．

112 刺激的な単独解

(a) 2, 6, 8 を使って 15 を作れ.
(b) 2, 6, 9 を使って 25 を作れ.
(c) 2, 7, 9 を使って 30 を作れ.
(d) 2, 8, 8 を使って 7 を作れ.
(e) 2, 8, 9 を使って 11 を作れ.
(f) 3, 3, 4 を使って 25 を作れ.
(g) 3, 6, 7 を使って 13 を作れ.
(h) 3, 6, 9 を使って 17 を作れ.
(i) 3, 7, 8 を使って 9 を作れ.
(j) 3, 8, 8 を使って 24 を作れ.
(k) 4, 4, 4 を使って 9 を作れ.
(l) 4, 5, 5 を使って 16 を作れ.
(m) 4, 5, 5 を使って 28 を作れ.
(n) 4, 5, 8 を使って 30 を作れ.
(o) 4, 5, 9 を使って 23 を作れ.
(p) 4, 5, 9 を使って 64 を作れ.
(q) 4, 6, 8 を使って 11 を作れ.
(r) 4, 9, 9 を使って 18 を作れ.
(s) 5, 5, 5 を使って 16 を作れ.
(t) 5, 5, 6 を使って 11 を作れ.
(u) 5, 5, 6 を使って 26 を作れ.
(v) 5, 8, 9 を使って 11 を作れ.
(w) 5, 8, 9 を使って 64 を作れ.

113 厄介な 2 通りの解

(それぞれ 2 通りの解がある.)

(a) 1, 2, 2 を使って 7 を作れ.
(b) 1, 2, 2 を使って 18 を作れ.
(c) 1, 3, 3 を使って 8 を作れ.
(d) 1, 3, 4 を使って 6 を作れ.
(e) 1, 5, 8 を使って 10 を作れ.
(f) 1, 6, 9 を使って 16 を作れ.
(g) 2, 3, 9 を使って 32 を作れ.
(h) 2, 4, 5 を使って 14 を作れ.
(i) 2, 4, 9 を使って 22 を作れ.
(j) 2, 5, 5 を使って 64 を作れ.
(k) 2, 6, 8 を使って 25 を作れ.
(l) 2, 8, 9 を使って 7 を作れ.
(m) 3, 3, 4 を使って 31 を作れ.
(n) 3, 3, 5 を使って 24 を作れ.

(o) 3, 3, 9を使って30を作れ. (u) 4, 4, 5を使って12を作れ.
(p) 3, 4, 5を使って4を作れ. (v) 4, 5, 5を使って18を作れ.
(q) 3, 4, 9を使って8を作れ. (w) 4, 5, 6を使って16を作れ.
(r) 3, 5, 8を使って14を作れ. (x) 4, 5, 8を使って32を作れ.
(s) 3, 6, 6を使って18を作れ. (y) 4, 5, 9を使って25を作れ.
(t) 4, 4, 5を使って8を作れ.

114　骨の折れる3通りの解

(それぞれに**3通り**の解がある.)
(a) 1, 1, 2を使って8を作れ. (l) 3, 5, 5を使って13を作れ.
(b) 1, 2, 8を使って13を作れ. (m) 3, 5, 7を使って4を作れ.
(c) 1, 3, 4を使って8を作れ. (n) 3, 5, 7を使って15を作れ.
(d) 2, 2, 6を使って15を作れ. (o) 3, 5, 8を使って32を作れ.
(e) 2, 3, 8を使って2を作れ. (p) 4, 5, 6を使って10を作れ.
(f) 2, 3, 9を使って10を作れ. (q) 4, 5, 7を使って8を作れ.
(g) 2, 5, 6を使って10を作れ. (r) 4, 5, 7を使って9を作れ.
(h) 2, 5, 6を使って32を作れ. (s) 4, 5, 8を使って20を作れ.
(i) 2, 5, 7を使って28を作れ. (t) 5, 5, 7を使って25を作れ.
(j) 3, 3, 3を使って9を作れ. (u) 5, 6, 8を使って4を作れ.
(k) 3, 4, 6を使って16を作れ. (v) 5, 7, 9を使って25を作れ.

115　威嚇的な複数解

(それぞれ**4通り**から**7通り**の解がある.)
(a) 2, 6, 7を使って5を作れ. (4通り)
(b) 3, 3, 6を使って27を作れ. (4通り)
(c) 3, 4, 5を使って32を作れ. (4通り)

- (d) 3, 5, 9 を使って 6 を作れ．（4 通り）
- (e) 4, 5, 8 を使って 2 を作れ．（4 通り）
- (f) 5, 6, 7 を使って 8 を作れ．（4 通り）
- (g) 5, 7, 8 を使って 6 を作れ．（4 通り）
- (h) 5, 8, 8 を使って 32 を作れ．（4 通り）
- (i) 1, 4, 6 を使って 64 を作れ．（6 通り）
- (j) 2, 4, 8 を使って 2 を作れ．（7 通り）
- (k) 2, 5, 5 を使って 16 を作れ．（5 通り）
- (l) 2, 5, 7 を使って 32 を作れ．（5 通り）
- (m) 2, 5, 9 を使って 5 を作れ．（5 通り）
- (n) 4, 4, 8 を使って 16 を作れ．（5 通り）

116 できるだけ大きな数

(a) 数字 1, 2, 3, 4 をそれぞれ 1 回だけ使い，できるだけ大きな値の数式を作れ．使ってよい演算・記号は，+, −, ×, ÷, べき乗, 小数点，括弧，連結（すなわち，二つの数字をつなげて一つの数を作ること．たとえば，1 と 2 を合わせて 21 を作る）である．根号，階乗，循環小数やそのほかの数学関数は使うことができない．

(b) (a) と同様であるが，根号を使ってもよいとするとどうか．

解　答

第1章　ちょっとしたパズル

1　言葉の謎

「それ」は2文字だが，「場合によって」は6文字である．そして，「どんなときで」も6文字からなり，しかし，「たまに」は3文字しか使わない[訳注1]．

2　給料秘密主義

一つの解法は次のとおりである．1人目が無作為な数を選び，それに彼の給与を足し，その結果を紙に書いて，その紙を2人目に渡す．2人目は，受け取った紙に書かれている数に自分の給料を足して，その結果を自分の紙に書いて，その紙を3人目に渡す．5人目がその紙を1人目に渡すまで，この手順を繰り返す．1人目は，受け取った紙に書かれた数から最初に選んだ数を引いた結果を5で割り，その結果を平均給料として全員に伝える．給料を秘密にしておくためには，紙はすべて破棄して，各人が見た数をほかの者に教えないことを全員で

[訳注1] 原文は，"What word has 8 letters, sometimes has 9 — it always contains 8 letters, occasionally uses 12 though!" であり，「封筒 (envelope)」も別解としている．なぜなら，封筒はレターをいくつでも含むことができ，"envelope" は8文字であるからだ．

合意しなければならない．

3 親戚パズル

(a) この男性は自分の甥を指差している．

(b) レイは私の曾祖父である．

(c) 話し手とクリスはともに女性である．話し手は，クリスの義理の母親である．

4 スライディング・ブロック

ブロック1を左下隅に移動させる．ブロックTを右に移動させる．ブロック2を左上隅に移動させる．ブロック3をブロック2の下に移動させる．ブロックTを右下隅に移動させる．

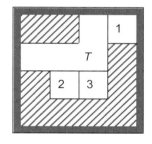

5 最速サーブ

1マイル＝1.609344キロメートルを使うと，彼のサーブは時速264.1109127キロメートル＝時速164.1109127マイルである．

6 人口爆発

(a) 地球の半径を $R = 6,371$ km とすると，地球の表面積は $A = 4\pi R^2$ である．厚さ T で地球を覆うと，その体積は $V = AT$ である．この問題の場合，$V_0 = 0.4599$ km^3 なので，$T = 0.4599/(4\pi R^2) = 9.0165 \times 10^{-4}$ mm になる．

(b) t を年数とするとき,地球上の人口の体積の時間挙動は $V(t) = V_0 \times 1.0114^t$ になる.$T = 0.001$ km として,この人口が $4\pi R^2 T$ に等しいとすると,$V(t) = 4\pi R^2/1{,}000 = V_0 \times 1.0114^t$ km^3 となり,$t = \ln[4\pi R^2/(1000 V_0)]/\ln(1.0114) = 1{,}227.91$ 年が得られる.この時点での人口は 8096.3 兆人である.

(c) $V(t) = V_0 \times 1.0114^t = (4/3) \times \pi r^3$ によって,$r(t) = (0.75 \times 0.4599/\pi)^{1/3} \times 1.0114^{t/3}$ が得られる.すると,$dr(t)/dt = (0.75 \times 0.4599/\pi)^{1/3} \times \ln(1.0114) \times 1.0114^{t/3}/3 = 9.4605284 \times 10^{12}$ km/年である.これから,$t = 9578.65$ 年が求まる.この時点で,人口は 1.0436×10^{48} 人であり,半径は 2.5038×10^{15} km $= 264.6575$ 光年である.

7 懸垂線

この条件に合う唯一の場合は,$d = 0$ である.

第2章 幾何のパズル

8 リゲル第4惑星の採掘

(a) 試掘者 A は,北極点から1マイル未満の特定の距離にある無限集合のいずれかから出発しなければならない.この場合,A は最初に北に向かって進んで北極点を通り過ぎ,したがって,彼の旅の3番目の区間でも北に進んで,出発した緯度に戻ってこられる.図 (a) の大きな円は,北極点 N を中心とする半径1マイルの円である.試掘者 A は A 地点から出発し,ABCDA という進路をとる.北極点から彼が出発する緯度までの距離を AN $= s$ とする.このとき,円弧 AB, BC, CD, そして,DAD$\cdots k \cdots$DA はそれぞれ1マイルでなければならない.ただし,円弧 DAD$\cdots k \cdots$DA は D を出発して西に進み,北極点

を k 周したあとに A に向かう経路である．これに対して s が満たすべき条件は，次のようになる．

$$2\pi k = \frac{1}{R\sin(\frac{s}{R})} - \frac{1}{R\sin(\frac{1-s}{R})} \quad (R = 4{,}000 \text{ マイル})$$

北極点から A のベースキャンプまでの距離は，ある $k = 0, 1, 2, \ldots$ に対して，s_k または $1 - s_k$ でなければならない．最初のいくつかの s_k と $1 - s_k$ の値を表に示した．

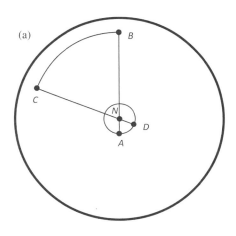

k	s_k	$1 - s_k$
0	0.5	0.5
1	0.134435689	0.865564311
2	0.073284499	0.926715501
3	0.050245047	0.949754953
4	0.038208091	0.961791909
5	0.030818801	0.969181199
6	0.025822699	0.974177301
7	0.022219743	0.977780257

(b) あきらかに試掘者Bは赤道から1/2マイル南の地点から出発することができる．また，Bのベースキャンプは，それぞれが北極点から1マイル未満の特定の距離，あるいは，それぞれが南極点から1マイル未満の特定の距離にある無限個の地点でもよい．図(b)の大きな円は，南極点を中心とする半径1マイルの円である．試掘者BはA地点から出発し，ABCDAという進路をとる．南極点から彼が出発する緯度までの距離をrとする．このとき，円弧AB, BC, CD，そして，DAD$\cdots k \cdots$DAはそれぞれ1マイルでなければならない．ただし，円弧DAD$\cdots k \cdots$DAは，Dを出発して西に進み，南極点をk周したあとAに向かう経路である．これに対してrが満たすべき条件は，次のようになる．

$$2\pi k = \frac{1}{R\sin(\frac{r}{R})} - \frac{1}{R\sin(\frac{1-r}{R})} \quad (R = 4{,}000 \text{マイル})$$

南極点からBのベースキャンプまでの距離は，任意の$k = 1, 2, \ldots$に対して，r_kであればよい．最初のいくつかのr_kの値を表に示した．また，北極点からBのベースキャンプまでの距離が$1 + r_k$であってもよい．この場合には，図(b)を北極点を見下ろしたものと考えて，経路CDABCをとるものとみなす．最初のいくつかの$1 + r_k$の値を表に示した．

(b)

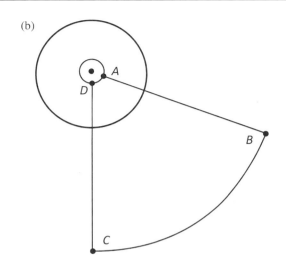

k	r_k	$1+r_k$
1	0.139652205	1.139652205
2	0.074088383	1.074088383
3	0.050501269	1.050501269
4	0.038320291	1.038320291
5	0.030877565	1.030877565
6	0.025857228	1.025857228
7	0.022241726	1.022241726
8	0.019513588	1.019513588

(c) 試掘者 C の状況を図 (c) に示す．中心が北極点である．試掘者 C は北極点から $1+r$ の距離にある A から出発し，B まで 1 マイル進む．それから，東に 1 マイル進むと，経度は $\lambda_C = 1/(R\cos\varphi_B)$ だけ変化する．ただし，$\varphi_B = \pi/2 - r/R$ は，B と C の緯度である．それから，D まで 1 マイル南に進み，最後

にEまで1マイル西に進むと，経度は $\Delta\lambda = 1/(R\cos\varphi_D)$ だけ変わる．ただし，$\varphi_D = \pi/2 - (1+r)/R$ は A, D, E の緯度である．したがって，Eの経度は $\lambda_E = \lambda_C - \Delta\lambda$ である．A から E までの距離は $2R\sin^{-1}[\sin(\lambda_E/2)\cos\varphi_B]$ である．この距離は，C のベースキャンプが北極点より $1+r = 1.2712313...$ マイルの距離にあるときに最大値をとる．この A と E との最大距離は $2.523974...$ マイルである．

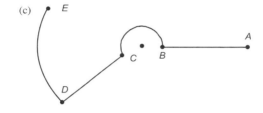

9 点の連結

図に示したような 9 本の接続が最大である．

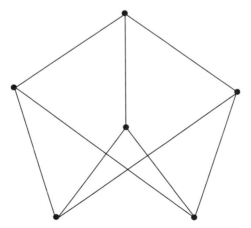

10 直角三角形

三平方の定理によって，$AB^2 + BC^2 + CD^2 + DE^2 = AC^2 + CD^2 + DE^2 = AD^2 + DE^2 = AE^2 = 111^2 = 12{,}321$ である．

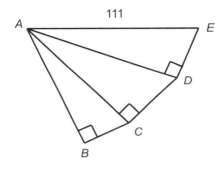

11 頂点を切り落とした多面体

F_1 個の面，V_1 個の頂点，そして，E_1 本の辺をもつ多面体 P_1 のそれぞれの頂点を含む小さな角錐を切り落としたとき，その結果の多面体 P_2 は，$F_2 = F_1 + V_1$ 個の面をもつ．P_2 のそれぞれの頂点は，3 本の辺が集まっているので，$E_2 = 3V_2/2$ と決まる．オイラーの多面体公式から，$E_2 = F_2 + V_2 - 2$ である．これらの関係によって，$(F_2, V_2, E_2) = (F_1 + V_1, 2E_1, 3E_1)$ と決まる．

(a) (i) 3 個の四角形の側面と 2 個の三角形の底面をもつ三角柱は $(F_1, V_1, E_1) = (5, 6, 9)$ である．それぞれの頂点を含む小さな角錐を切り落としてできる多面体は，$(F_2, V_2, E_2) = (11, 18, 27)$ になる．

(ii) 6 個の三角形の面をもつ双三角錐は $(F_1, V_1, E_1) = (6, 5, 9)$ である．それぞれの頂点を含む小さな角錐を切り落としてできる多面体は，$(F_2, V_2, E_2) = (11, 18, 27)$ になる．(i) と (ii) は互いに双対になる．

(b) (i) 双四角錐の二つの四角錐それぞれの一つの側面どうしが一つの面になるようにすると，$(F_1, V_1, E_1) = (7, 6, 11)$ である．それぞれの頂点を含む小さな角錐を切り落としてできる多面体は，$(F_2, V_2, E_2) = (13, 22, 33)$ になる．

(ii) 三角柱の一つの側面に四角錐をのせ，三角柱の二つの底面がそれぞれ四角錐の側面と一つの面になるようにすると，$(F_1, V_1, E_1) = (6, 7, 11)$ となる．それぞれの頂点を含む小さな角錐を切り落としてできる多面体は，$(F_2, V_2, E_2) = (13, 22, 33)$ になる．(i) と (ii) は互いに双対になる．

(iii) 四角錐の 4 個の三角形の側面のうちの一つに三角錐をのせると，合計で 6 個の三角形の面ができ，$(F_1, V_1, E_1) = (7, 6, 11)$ となる．それぞれの頂点を含む小さな角錐を切り落としてできる多面体は，$(F_2, V_2, E_2) = (13, 22, 33)$ になる．

(iv) 五角柱の底面の辺 1 と辺 3 にそれぞれに隣接する四角形の，五角形の辺と反対側にある辺どうしを一つにする．五角形の残りの 3 辺に隣接する 3 個の面は三角形であり，$(F_1, V_1, E_1) = (6, 7, 11)$ である．それぞれの頂点を含む小さな角錐を切り落としてできる多面体は，$(F_2, V_2, E_2) = (13, 22, 33)$ になる．(iii) と (iv) は互いに双対になる．

12 紙を貼った箱

(a) アクサナの箱の寸法は $5 \times 21 \times 210$ で，体積は 22,050 になる．その箱の面のない部分は 5×21 である．ジョシュの箱の寸法は $12 \times 12 \times 6$ で，体積は 864 になる．その箱の面のない部分は 12×12 である．

(b) ボブの箱の寸法は $3 \times 6 \times 12$ で，体積は 216 になる．その箱の

面のない部分は 3×12 である.キャシーの箱の寸法は $3 \times 6 \times 6$ で,体積は 108 になる.その箱の面のない部分は 6×6 である.

(c) クリスの箱の寸法は $5 \times 36 \times 45$ で,体積は 8,100 になる.ローリーの箱の寸法は $10 \times 12 \times 15$ で,体積は 1,800 になる.

(d) デビッドの箱の寸法は $3 \times 8 \times 24$ で,体積は 576 になる.マリーの箱の寸法は $4 \times 6 \times 12$ で,体積は 288 になる.

13 ほぼ長方形の湖

左の図のように,湖のそれぞれの領域を $R_1 = EFGM$, $R_2 = BCDM$, $B_1 = AEM$, $B_2 = ADM$, $B_3 = DEM$ とする.右の図から分かるように,$A_1 = DEFG = R_1 + B_3$, $A_2 = BCDE = R_2 + B_3$, $A_3 = ADE = B_1 + B_2 + B_3$ である.$B_1 = R_1/2$ および $B_2 = R_2/2$ に注意すると,$A_3 = B_3 + (R_1 + R_2)/2 = (R_1 + B_3)/2 + (R_2 + B_3)/2 = (A_1 + A_2)/2$ となる.したがって,D と E の間がどのような湖岸線であっても,$A_3 = (A_1 + A_2)/2$ になる.

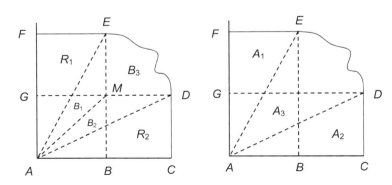

14 菱形の3分割

知られている6通りの解は次のとおりである．

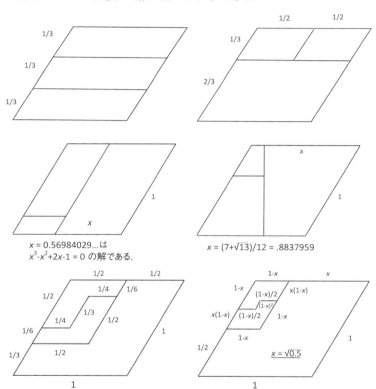

15 正方形の分割

一辺が96の正方形を図に示した12個の長方形に分割するのが知られている最小の個数である．このもっとも小さい長方形は 1×3 である．

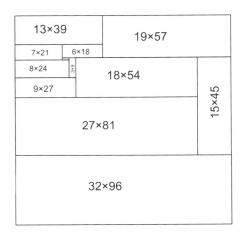

第3章 数字のパズル

16 小町買い物

プレゼントは5個で，総額は $1+9+25+36+784 = 855$ であった．

17 変形数独

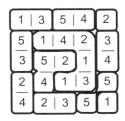

18 小町分数和

(a) (i) $6/7 + 589/4{,}123 = 1$. (ii) $27/39 + 48/156 = 1$.
(iii) $3/57 + 864/912 = 1$.

(b) (i) $1/6 + 7{,}835/9{,}402 = 1$.

(ii) $35/70+148/296 = 38/76+145/290 = 45/90+138/276 = 48/96 + 135/270 = 1$.

(iii) $6/534 + 792/801 = 4/356 + 792/801 = 1$.

(c) (i) $5/3 + 916/2{,}748 = 2$. (ii) $36/24 + 79/158 = 2$.
(iii) $1/37 + 584/296 = 2$.

(d) (i) $4/7 + 8{,}930/6{,}251 = 2$. (ii) $45/39 + 176/208 = 2$.
(iii) $1/238 + 950/476 = 2$.

19 偶数と奇数

そのようなことは起こりえない．m は奇数であり，9で割った余りは7である．n は偶数であり，9で割った余りは2である．これは，$n = km$ ならば $k = 8$ であることを意味する．しかし，ありうるもっとも小さい m を8倍すると6桁になる．

20 風変わりな整数

a と b は2と3でなければならない．$E_1 = {}^{-0.2}\!\sqrt[3]{0.3} = 411.52$ であり，これにもっとも近い整数は412である．$E_2 = {}^{-0.3}\!\sqrt[3]{0.2} = 213.75$ であり，これにもっとも近い整数は214である．

21 10桁の数

(a) その数は 9,876,351,240 である．

(b) その数は 9,123,567,480 である．

第4章 論理のパズル

22 ケーキの分割

(a) ジョーはケーキを大きさ x と $1-x$ の2片に切る．ただし，$x \geq 1/2$ とする．$x > 2/3$ ならば，ボブがその2片の大きいほ

うを半分に切ると，ボブの取り分は全体の1/3より多くなる．$x < 2/3$ならば，ボブがその2片の小さいほうを0と$1-x$に切って，ボブの取り分は全体の1/3より多くなる．したがって，ジョーがケーキを2/3と1/3に切ると，全体の2/3が取り分として保証される．

(b) ジョーはケーキを大きさxと$1-x$の2片に切る．ただし，$x \geq 1/2$とする．ボブは常にその小さいほうの1片を半分に切るべきであり，そうすると，ジョーに全体の$x + (1-x)/2 = (1+x)/2$を取らせることができる．したがって，ジョーは，ケーキを2等分にすべきであり，ボブはその一方を2等分にして，ジョーに全体の3/4を取らせることができる．

(c) ジョーはケーキを大きさsと$1-s$の2片に切る．ただし，sは1/2を超えないものとする．このとき，次の4通りの場合を考えなければならない．この4通りのうち，もっとも多いジョーの取り分は，全体の3/5である．

1. $s \leq 1/5$の場合，ボブは$s, (1-s)/2, (1-s)/2$になるようにケーキを切る．このとき，ジョーは$s, (1-s)/4, (1-s)/4, (1-s)/2$になるようにケーキを切り，全体の$(1+s)/2$を手に入れる．$s = 1/5$の場合に，ジョーは全体の3/5を手に入れる．

2. $1/5 \leq s \leq 1/3$の場合，ボブは$s, (1-s)/2, (1-s)/2$になるようにケーキを切る．このとき，ジョーは$(1-s)/4, (1-s)/4, s, (1-s)/2$になるようにケーキを切り，全体の$3(1-s)/4$を手に入れる．$s = 1/5$の場合に，ジョーは全体の3/5を手に入れる．

3. $1/3 \leq s \leq 3/7$の場合，ボブは$s, (1-s)/2, (1-s)/2$になるようにケーキを切る．このとき，ジョーは$(1-s)/4$,

$(1-s)/4, (1-s)/2, s$ になるようにケーキを切り,全体の $(1+3s)/4$ を手に入れる.$s = 3/7$ の場合に,ジョーは全体の $4/7$ を手に入れる.

4. $3/7 \leq s \leq 1/2$ の場合,ボブは $\varepsilon, s, 1-s-\varepsilon$ になるようにケーキを切る.ただし,ε はいくらでも小さくできる.このとき,ジョーは s の片を切り,全体の $1-s$ を手に入れる.$s = 3/7$ の場合に,ジョーは全体の $4/7$ を手に入れる.

23 牢獄からの脱出

騎士は,10個の 3×4 のタイルを図に示したように2個のタイルが中央のマスで重なるように長方形を覆った.騎士は,数を明かしてもらうマスとしてその中央のマスを選び,それが4であったので,すぐさま合計は $2{,}016 = 10 \times 202 - 4$ であると答えた.

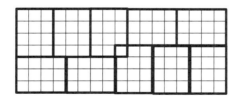

24 論理的質問

図の三角形 ABC の頂点 C の角度は $30°$ なので，ABC に外接する円の半径は $s/(2\sin 30°) = s$ である．したがって，この論理的質問の答えは「いいえ」である．

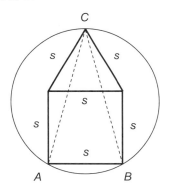

25 アリババと 10 人の盗賊

川を 33 回横断することで全員が川を渡ることができる．11 人に，偉さの降順に AABCDEFGHIJ と名前をつける．その解を次の表に示す．一般に，n 人の盗賊がいれば，川を $4n - 7$ 回横断することが必要である．

解 答 91

回数	ボートで移動する盗賊	こちら側にいる盗賊	向こう側にいる盗賊
		全員	
1	AAB	CDEFGHIJ	AAB
2	AB	ABCDEFGHIJ	A
3	BC	ADEFGHIJ	ABC
4	AB	AABDEFGHIJ	C
5	AAB	DEFGHIJ	AABC
6	BC	BCDEFGHIJ	AA
7	CD	BEFGHIJ	AACD
8	AA	AABEFGHIJ	CD
9	AAB	EFGHIJ	AABCD
10	BC	BCEFGHIJ	AAD
11	EF	BCGHIJ	AADEF
12	AA	AABCGHIJ	DEF
13	AAB	CGHIJ	AABDEF
14	AB	ABCGHIJ	ADEF
15	BC	AGHIJ	ABCDEF
16	AB	AABGHIJ	CDEF
17	AAB	GHIJ	AABCDEF
18	BC	BCGHIJ	AADEF
19	GH	BCIJ	AADEFGH
20	AA	AABCIJ	DEFGH
21	AAB	CIJ	AABDEFGH
22	AB	ABCIJ	ADEFGH
23	BC	AIJ	ABCDEFGH
24	AB	AABIJ	CDEFGH
25	AAB	IJ	AABCDEFGH
26	BC	BCIJ	AADEFGH
27	IJ	BC	AADEFGHIJ
28	AA	AABC	DEFGHIJ
29	AAB	C	AABDEFGHIJ
30	AB	ABC	ADEFGHIJ
31	BC	A	ABCDEFGHIJ
32	AB	AAB	CDEFGHIJ
33	AAB		全員

26 結婚記念日のパーティー

(a) 子供たちの年齢は $(4,4,9)$ であり，その和は 17，その積は 144 になる．スミスは子供たちの年齢を $(3,6,8)$ と推測した．1 年前の子供たちの年齢は $(3,3,8)$ であり，ジョーンズは $(2,6,6)$ と推測した．

(b) 子供たちの年齢は $(6,6,28)$ であり，その和は 40，その積は 1,008 になる．スミスは子供たちの年齢を $(3,16,21)$ と推測した．1 年前の子供たちの年齢は $(5,5,27)$ であり，ジョーンズは $(3,9,25)$ と推測した．3 年前の子供たちの年齢は $(3,3,25)$ であり，ブラウンは $(1,15,15)$ と推測した．

(c) 子供たちの年齢は $(6,8,25)$ であり，その和は 39，その積は 1,200 になる．スミスは子供たちの年齢を $(4,15,20)$ と推測し，ジョーンズは $(5,10,24)$ と推測した．4 年前の子供たちの年齢は $(2,4,21)$ であり，ブラウンは $(1,12,14)$ と推測した．

(d) 子供たちの年齢は $(9,10,28)$ であり，その和は 47，その積は 2,520 になる．スミスは子供たちの年齢を $(6,20,21)$ と推測した．4 年前の子供たちの年齢は $(5,6,24)$ であり，ジョーンズは $(3,12,20)$ と推測した．7 年前の子供たちの年齢は $(2,3,21)$ であり，ブラウンは $(1,7,18)$ と推測した．

(e) 子供たちの年齢は $(10,12,21)$ であり，その和は 43，その積は 2,520 になる．スミスは子供たちの年齢を $(9,14,20)$ と推測した．5 年前の子供たちの年齢は $(5,7,16)$ であり，ジョーンズは $(4,10,14)$ と推測した．6 年前の子供たちの年齢は $(4,6,15)$ であり，ブラウンは $(3,10,12)$ と推測した．

(f) 子供たちの年齢は $(12,12,20)$ であり，その和は 44，その積は 2,880 になる．スミスは子供たちの年齢を $(10,16,18)$ と推測し

た．2年前の子供たちの年齢は $(10, 10, 18)$ であり，ジョーンズは $(8, 15, 15)$ と推測した．10年前の子供たちの年齢は $(2, 2, 10)$ であり，ブラウンは $(1, 5, 8)$ と推測した．

(g) 子供たちの年齢は $(8, 10, 27)$ であり，その和は 45，その積は 2,160 になる．スミスは子供たちの年齢を $(6, 15, 24)$ と推測した．2年前の子供たちの年齢は $(6, 8, 25)$ であり，ジョーンズは $(4, 15, 20)$ と推測した．6年前の子供たちの年齢は $(2, 4, 21)$ であり，ブラウンは $(1, 12, 14)$ と推測した．

(h) 子供たちの年齢は $(10, 11, 24)$ であり，その和は 45，その積は 2,640 になる．スミスは子供たちの年齢を $(8, 15, 22)$ と推測した．4年前の子供たちの年齢は $(6, 7, 20)$ であり，ジョーンズは $(4, 14, 15)$ と推測した．8年前の子供たちの年齢は $(2, 3, 16)$ であり，ブラウンは $(1, 8, 12)$ と推測した．

(i) 子供たちの年齢は $(6, 8, 22)$ であり，その和は 36，その3乗の和は 11,376 になる．スミスは子供たちの年齢を $(1, 15, 20)$ と推測した．1年前の子供たちの年齢は $(5, 7, 21)$ であり，ジョーンズは $(1, 12, 20)$ と推測した．

(j) 子供たちの年齢は $(9, 9, 19)$ であり，その和は 37，その3乗の和は 8,317 になる．スミスは子供たちの年齢を $(5, 16, 16)$ と推測した．2年前の子供たちの年齢は $(7, 7, 17)$ であり，ジョーンズは $(3, 13, 15)$ と推測した．

(k) 子供たちの年齢は $(9, 12, 21)$ であり，その和は 42，その3乗の和は 11,718 になる．スミスは子供たちの年齢を $(7, 15, 20)$ と推測した．3年前の子供たちの年齢は $(6, 9, 18)$ であり，ジョーンズは $(3, 15, 15)$ と推測した．

(l) 子供たちの年齢は $(13, 13, 23)$ であり，その和は 49，その3乗の和は 16,561 になる．スミスは子供たちの年齢を $(10, 17, 22)$ と

推測した．4年前の子供たちの年齢は $(9, 9, 19)$ であり，ジョーンズは $(5, 16, 16)$ と推測した．

(m) 子供たちの年齢は $(11, 19, 25)$ であり，その和は55，その3乗の和は23,815になる．スミスは子供たちの年齢を $(10, 22, 23)$ と推測した．9年前の子供たちの年齢は $(2, 10, 16)$ であり，ジョーンズは $(1, 12, 15)$ と推測した．

第5章　確率のパズル

27　ギャンブラーもビックリ

1回勝つごとに，あなたの資金は1.9倍になる．1回負けるごとに，あなたの資金は0.1倍になる．

(a) 最終的な資金は $10{,}000 \times 1.9^{75} \times 0.1^{25} = 0.80634$ ドルになる．

(b) 最終的な資金は $10{,}000 \times 1.9^{80} \times 0.1^{20} = 1{,}996{,}586.25$ ドルになる．

28　テンジー

$p = 1/6$ および $q = 5/6$ とする．このとき，m 個のサイコロを振ってそのうちの i 個が目標の目になる確率は $P_i = p^i q^{m-i} \times m!/((m-i)!i!)$ である．E_m を m 個のサイコロが目標の目でなかったときに，10個すべてが目標の目になるまでサイコロを振る回数の期待値とする．すると，$E_m = P_0 E_m + P_1 E_{m-1} + \cdots + P_{m-1} E_1 + 1$ である．この式から計算すると，$E_1 = 6$, $E_2 = 96/11$, $E_3 = 10{,}566/1{,}001$, $E_4 = 728{,}256/61{,}061$ というように続き，$E_{10} = 98{,}081 \times 336{,}640{,}049 \times 20{,}818{,}956{,}233/(2 \times 38 \times 7 \times 11 \times 13 \times 17 \times 29 \times 31 \times 61 \times 113 \times 4{,}651 \times 6{,}959) = 15.3484823859282\ldots$ が得られる．

29 ミニビンゴ

(a) 4個目の数を引いたところで，常に当選が出る．最初の3個の数は，N列に1個と，B列またはG列のいずれか一方に2個になることがありえる．それ以外の組み合わせでは，3個の数を引いた時点で当選が出る．

(b) 下記の表では，B列は1からkまでの数を含み，N列は$k+1$から$2k$までの数を含み，G列は$2k+1$から$3k$までの数を含む一般的な場合を扱う．この表の確率を足し合わせると，行揃いの確率は$P_{行} = 2k(7k-3)/[3(3k-1)(3k-2)]$，列揃いの確率は$P_{列} = (13k^2-21k+6)/[3(3k-1)(3k-2)]$になる．$k=6$の場合は，$P_{行} = 117/204 = 0.57353\ldots$，$P_{列} = 87/204 = 0.42647\ldots$である．

2個の数を引いたとき	確率	当選者
BB, GG	$\frac{2(k-1)}{9k-3}$	なし
BN, NB	$\frac{2k}{3(3k-1)}$	なし
BG, GB	$\frac{2k}{3(3k-1)}$	行揃い
NN	$\frac{(k-1)}{3(3k-1)}$	列揃い
NG, GN	$\frac{2k}{3(3k-1)}$	なし

3個の数を引いたとき	確率	当選者
BBB, GGG	$\frac{2(k-1)(k-2)}{3(3k-1)(3k-2)}$	列揃い
BBN, BNB, ..., NGG	$\frac{6k(k-1)}{3(3k-1)(3k-2)}$	なし
BBG, GGB	$\frac{2k(k-1)}{3(3k-1)(3k-2)}$	行揃い
BNN, NBN, GNN, NGN	$\frac{4k(k-1)}{3(3k-1)(3k-2)}$	列揃い
BNG, NBG, NGB, GNB	$\frac{4k^2}{3(3k-1)(3k-2)}$	行揃い

4個の数を引いたとき	確率	当選者
BBNB, BNBB, ..., GGNG	$\frac{6k(k-1)(k-2)}{9(3k-1)(3k-2)(k-1)}$	列揃い
BBNN, BNBN, ..., GGNN	$\frac{6k(k-1)^2}{3(3k-1)(3k-2)(k-1)}$	列揃い
BBNG, BNBG, ..., GGNB	$\frac{6k^2(k-1)}{3(3k-1)(3k-2)(k-1)}$	行揃い

30 通常のビンゴ

(a) 16 番目の数が引かれるまでに当選者は必ず決まる.最初の 15 個の数では,BBBBIIIINNNGGGG となって当選者が出ないことが起こりうるが,16 番目の数が引かれると当選が出る.

(b) 通常のビンゴの解析はどの数が引かれるかについてすべて

の可能な分布を列挙することになり，ここに示すには長すぎる．その結果は，$P_{行} = 0.737342369505\ldots$ および $P_{列} = 0.252657630494\ldots$ となり，驚くほど差がつく．ミニビンゴの場合と同じように，一般の k に対して，$5k$ 個の数が順に引かれ，B列は1から k までの数を含み，I列は $k+1$ から $2k$ までの数を含むとしたときに，$P_{行}$ と $P_{列}$ を計算する．$P_{行}$ の一般式は次のとおり．

$$P_{行} = 67.2k^3 P(k)/Q(k)$$

$$P(k) = 2{,}427{,}619k^9 - 40{,}134{,}267k^8 + 288{,}988{,}538k^7 \\ - 1{,}186{,}569{,}792k^6 + 3{,}051{,}795{,}783k^5 \\ - 5{,}076{,}742{,}911k^4 + 5{,}428{,}997{,}681k^3 \\ - 3{,}565{,}395{,}258k^2 + 1{,}284{,}537{,}834k - 187{,}687{,}500$$

$$Q(k) = (5k-1)(5k-2)(5k-3)(5k-4)(5k-6)(5k-7) \\ \times (5k-8)(5k-9)(5k-11)(5k-12)(5k-13) \\ \times (5k-14)$$

$k = 15$ に対する $P_{行}$ の正確な値は

$924{,}632{,}476{,}308{,}625/1{,}254{,}006{,}977{,}693{,}844$ である．

31 公平な決闘

ブラウンが1回の射撃でスミスに命中させる確率を p とし，スミスがこの決闘で勝つ確率を S とする．このとき，スミスがこの決闘で勝つ確率は $S = 0.4 + 0.6(1-p)S$ である．この決闘が公平になるように $S = 0.5$ とすると，ブラウンが一発でスミスに命中させる確率は $p = 2/3$ である．

32 テニスのゴールデンセット

一つのセットがゴールデンセットになるためには，どちらかの選手が最初から続けて24点をとらなければならない．その確率は，

$p = (1/2)^{23} = 1.192092896\ldots \times 10^{-7}$ である.

(a) この問題の条件のもとでは,女子の試合のうち,半分が2セットの試合,半分が3セットの試合になる.2セットのうちにゴールデンセットが現れない確率は $(1-p)^2$ なので,2セットの中でゴールデンセットになる確率は $P_2 = 2p - p^2$ である.3セットのうちにゴールデンセットが現れない確率は $(1-p)^3$ なので,3セットの中でゴールデンセットになる確率は $P_3 = 3p - 3p^2 + p^3$ である.したがって,女子の試合でゴールデンセットになる確率は $P_w = (P_2 + P_3)/2 = 5p/2 - 2p^2 + p^3/2 \approx 2.980232 \times 10^{-7}$ である.

(b) この問題の条件のもとでは,男子の試合のうち,1/4が3セットの試合,3/8が4セットの試合,3/8が5セットの試合になる.3セットのうちにゴールデンセットが現れない確率は $(1-p)^3$ なので,3セットの中でゴールデンセットになる確率は $P_3 = 3p - 3p^2 + p^3$ である.4セットのうちにゴールデンセットが現れない確率は $(1-p)^4$ なので,4セットの中でゴールデンセットになる確率は $P_4 = 4p - 6p^2 + 4p^3 - p^4$ である.5セットのうちにゴールデンセットが現れない確率は $(1-p)^4$ なので,5セットの中でゴールデンセットになる確率は $P_5 = 5p - 10p^2 + 10p^3 - 5p^4 + p^5$ である.したがって,男子の試合でゴールデンセットになる確率は $P_m = (2P_3 + 3P_4 + 3P_5)/8 = 33p/8 - 27p^2/4 + 11p^3/2 - 9p^4/4 + 3p^5/8 \approx 4.917383 \times 10^{-7}$ である.

33 バス代ルーレット

(a) 偶数に2ドルを賭けるのがもっともよい.その賭けに勝つ確率は $P = 18/38 = 0.473684\ldots$ である.

(b) 1から12まで（配当は3倍）に1ドルを賭け，同時に，前半（配当は2倍）にも1ドルを賭ける（あるいは，数の重なり具合がこれらと同じになるような組み合わせに賭ける）のがもっともよい．1回の賭けにおいて，ともに当たる確率は12/38，ともにはずれる確率は20/38，前者がはずれて後者が当たって相殺される確率は6/38である．したがって，$P = 12/38 + 6/38 P$ であり，$P = 3/8 = 0.375$ が得られる．

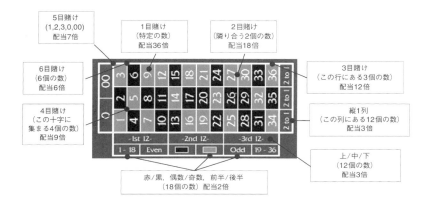

34 色つきボールの箱

(a) 実験が終わった時点で箱の中にあるボールの個数の期待値 e_1 に対する一般的な式を導き出そう．当初，箱の中には n_1 個の白いボールと n_2 個の黒いボールがあったとしよう．これらすべてが箱から取り出された後で，箱から取り出された順に左から右へと一列に並んでいると想像しよう．どの特定の白いボールに対しても，実験が終わった時点でそれが箱の中にある確率は，すべての黒いボールがその直線上でその白いボールよりも左側にある確率である．この確率は $1/(n_2 + 1)$ であり，したがって，この特定の白いボールから e_1 への寄与は $1/(n_2 + 1)$

である．同じことが n_1 個の白いボールそれぞれに対していえるので，白いボールから e_1 への寄与の合計は $n_1/(n_2+1)$ である．同様の論法を黒いボールから e_1 への寄与に適用すると，最終結果は $e_1 = n_1/(n_2+1) + n_2/(n_1+1)$ になる．

(b) 実験が終わった時点で箱の中にあるボールの個数の期待値 e_1 に対する一般的な式を導き出そう．当初，箱の中には n_1 個の赤いボールと n_2 個の白いボールと n_3 個の青いボールがあったとしよう．これらすべてが箱から取り出されたあとで，箱から取り出された順に左から右へと一列に並んでいると想像しよう．どの特定の赤いボールに対しても，実験が終わった時点でそれが箱の中にある確率は，すべての白いボールと青いボールがその直線上でその赤いボールよりも左側にある確率である．この確率は $1/(n_2+n_3+1)$ であり，したがって，この特定の赤いボールから e_1 への寄与は $1/(n_2+n_3+1)$ である．同じことが n_1 個の赤いボールそれぞれに対して成り立つので，赤いボールから e_1 への寄与の合計は $n_1/(n_2+n_3+1)$ である．同様の論法を白いボールや青いボールから e_1 への寄与に適用すると，最終結果は $e_1 = n_1/(n_2+n_3+1) + n_2/(n_1+n_3+1) + n_3/(n_1+n_2+1)$ になる．数値計算によって，e_1 が整数で n_1, n_2, n_3 のどの二つも互いに素であるような最小の場合を探すと，$(n_1, n_2, n_3, e_1) = (172, 597, 17{,}677, 23)$ が求まる．

(c) 実験が終わった時点で箱の中にあるボールの個数の期待値 e_2 に対する一般的な式を導き出そう．当初，箱の中には n_1 個の赤いボールと n_2 個の白いボールと n_3 個の青いボールがあったとしよう．これらすべてが箱から取り出されたあとで，箱から取り出された順に左から右へと一列に並んでいると想像しよう．どの特定の赤いボールに対しても，実験が終わった時点でそれが箱の中にある確率は，すべての白いボールか，またはすべての青

いボールがその直線上でその赤いボールよりも左側にある確率である. この確率は $1/(n_2+1) + 1/(n_3+1) - 1/(n_2+n_3+1)$ であり, この特定の赤いボールからの e_2 への寄与は $1/(n_2+1) + 1/(n_3+1) - 1/(n_2+n_3+1)$ である. 同じことが n_1 個の赤いボールそれぞれに対して成り立つので, 赤いボールから e_2 への寄与の合計は $n_1/(n_2+1) + n_1/(n_3+1) - n_1/(n_2+n_3+1)$ である. 同様の論法を白いボールや青いボールから e_2 への寄与に適用すると, 最終結果は $e_2 = n_1/(n_2+1) + n_1/(n_3+1) - n_1/(n_2+n_3+1) + n_2/(n_1+1) + n_2/(n_3+1) - n_2/(n_1+n_3+1) + n_3/(n_1+1) + n_3/(n_2+1) - n_3/(n_1+n_2+1)$ になる. 数値計算によって, e_2 が整数であることが知られているのは, $(n_1, n_2, n_3, e_2) = (4, 9, 25, 8)$ の場合だけである.

35 双六

サイコロを振る回数の期待値は $6M + 10$ である. 公平な N 面のサイコロを使って, M が N よりもかなり大きいような, もっと一般的な問題を考えてみよう. $k = 0, 1, 2, \ldots, N-1$ のそれぞれに対して, P_k をマス $M+k$ に到達してゲームが終わる確率とする. M より手前の特定のマスに到達する確率は, $2/(N+1)$ に非常に近い. M より手前のマスからマス $M+k$ へ到達する確率は $(N-k)/N$ である. P_k はこれら二つの確率の積, すなわち, $P_k = 2(N-k)/[N(N+1)]$ である. k が 1 から N までを動くときの kP_k の和は, 1 回のゲームにおける, M を越えて通り過ぎるマスの個数の期待値である. この和が S ならば, S_1 を k が 1 から N までを動くときの k の和, S_2 を k が 1 から N までを動くときの k^2 の和とするとき, $N(N+1)S/2 = NS_1 - S_2$ である. $NS_1 - S_2 = N^2(N+1)/2 - (2N+1)N(N+1)/6 = N(N+1)(N-1)/6$ であることから, $S = (N-1)/3$ が得られる. このとき, 1 回のゲームで移動する

マスの個数の期待値は $M+S$ であり，1回のゲームでサイコロを振る回数の期待値は $2(M+S)/(N+1) = 2M/(N+1)+2(N-1)/[3(N+1)]$ になる．この問題の場合には $N=6$ であり，1ゲームあたりサイコロを振る回数の平均は $2M/7+10/21$ 回である．したがって，21回のゲームでは，サイコロを振る回数の期待値は $6M+10$ 回になる．

第6章　解析のパズル

36　あわただしい空港

　動く歩道の上で靴紐を結ぶべきである．動く歩道に乗っていないときには，靴紐を結んでいる1分間はまったく前に進まない．動く歩道の上では，靴紐を結んでいる1分間で，動く歩道が前に進む．このことは，動く歩道に乗る直前に靴紐を結ぶ場合を，動く歩道に乗った直後に靴紐を結ぶ場合と比べて考えると，もっと明白に分かるだろう．

37　どの食事？

　ケビンは昼食をとっている．この条件に合致するのは，短針（時針）が11番目の秒刻みを指していて，長針（分針）が12番目の秒刻みを指しているときだけである．したがって，午前2時12分か午後2時12分のいずれかである．通常，午前2時12分に食事をとる人はいないので，ケビンは昼食をとっているに違いない．

38　熾烈な競争

　正四面体は，図のように正方形に2本の対角線を加えたものとみなせる．速いネコは，ネズミの最高速度よりもわずかに速い速度で「正方形」を周回することができる．残りの2匹のネコは，速いネコの半分の速度でそれぞれ対角線上を往復し，それぞれの頂点に速いネコと同時に到着するようにする．ネズミは，この作戦から逃れることはで

きない.

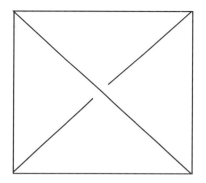

39 親族訪問

次の図は，この問題を一般的に解く方法を示している．

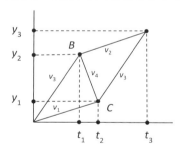

チャールズは，時速 v_1 で歩いて出発する．アダムは時速 v_3 で B 地点までビルを運び，そこでビルを降ろしたら，ビルはそこから時速 v_2 で歩いておじいさんの家に向かう．アダムは時速 v_4 で C 地点まで引き返し，そこでチャールズを乗せたら，二人でおじいさんの家に向かい，ビルと同時に到着する．アダムが最初にチャールズを運んだ場合も到着時刻は同じである．図から，次の式が得られる．

$$v_1 t_2 = y_1$$

$$v_3 t_1 = y_2$$
$$v_2(t_3 - t_1) = y_3 - y_2$$
$$v_3(t_3 - t_2) = y_3 - y_1$$
$$v_4(t_2 - t_1) = y_2 - y_1$$

これらの式から未知数 y_1, y_2, t_1, t_2 を消去すると，おじいさんの家までの距離は

$$y_3 = t_3 \frac{v_3^2(v_4 + v_1 + v_2) - v_1 v_2(2v_3 + v_4)}{v_4(2v_3 - v_1 - v_2) + v_3^2 - v_1 v_2}$$

になる．問題の場合には $(v_1, v_2, v_3, v_4, t_3) = (6, 9, 30, 40, 3)$ であり，おじいさんの家までの距離は最大で 50 マイルである．

40 対数問題

x を $x = \log_{16} 7 \times \log_{49} 625$ と定義する．$p = \log_{16} 7$ および $q = \log_{49} 625$ とすると，$16^p = 7$ であることが分かるので，$\log_{10} 7 = p \log_{10} 16 = 4p \log_{10} 2$ となる．また，$49^q = 625$ であることが分かるので，$q \log_{10} 49 = \log_{10} 625$ であり，これを簡単にすると $2q \log_{10} 7 = 4 \log_{10} 5$ となる．$\log_{10} 5 = 1 - \log_{10} 2$ を用いると，$\log_{10} 2 = 1/(1 + 2pq) = 1/(1 + 2x)$ が得られる．

41 多項式問題 1

$P(x, y) = a_0 + a_1 x + a_2 y + a_3 x^2 + a_4 xy + a_5 y^2 + a_6 x^3 + a_7 x^2 y + a_8 x y^2 + a_9 y^3$ とする．

$P(0, 0)$ から，$a_0 = 0$ であることが分かる．

$P(1, 0) = P(-1, 0) = 0$ から，$a_3 = 0$ であることが分かる．

$P(0, 1) = P(0, -1) = 0$ から，$a_5 = 0$ であることが分かる．

この時点で，$P(x, y) = a_1 x + a_2 y + a_4 xy + a_6 x^3 + a_7 x^2 y + a_8 x y^2 + a_9 y^3$ である．

$P(1, 1) + P(1, -1) = 0$ から，$a_1 + a_6 + a_8 = 0$ であることが分かる．

$P(1,0) = 0$ から, $a_1 + a_6 = 0$ であることが分かり, これから $a_8 = 0$ かつ $a_6 = -a_1$ が導かれる.

$P(0,1) = 0$ から, $a_2 + a_9 = 0$ であることが分かるので, $a_9 = -a_2$ である.

$P(1,-1) = 0$ から, $a_2 + a_4 + a_7 + a_9 = 0$ であることが分かり, したがって, $a_7 = -a_4$ である.

この時点で, $P(x,y) = a_1(x-x^3) + a_2(y-y^3) + a_4(xy-x^2y)$ である.

$P(k,k) = 0$ と仮定する. (この問題では, $k = 12$ である.)

すると, $P(x,y) = a_1(k-k^3) + a_2(k-k^3) + a_4(k^2-k^3) = 0$ である.

$P(k,k) = 0$ から, $P(x,y) = a_1(k-k^3) + a_2(k-k^3) + a_4(k^2-k^3) = 0$ なので, $a_4 = -(k+1/k)(a_1+a_2) = r(a_1+a_2)$ である.

$a_2 = 0$ ならば, $y = (1+x)/r$ となる. $a_1 = 0$ ならば, $1-y^2 = rx(1-x)$ となる.

これら二つの等式から $(r+1/r^2)x^2 + (2/r^2-r)x + 1/r^2 - 1 = 0$ が得られ, 答えは $x = (r^2+1)/(r^2-r+1)$, $y = (1-2r)/(r^2-r+1)$ になる.

k を用いて表わすと, $x = (2k+1)/(3k^2+3k+1)$, $y = (3k^2+2k)/(3k^2+3k+1)$ になる. $k = 12$ については, $x = 25/469$, $y = 456/469$ が得られる.

42 多項式問題 2

(a) この方程式は一般に $xy + ax + by + c = dx^3$ と書ける. ただし, a, b, c, d は整定数とする. この方程式を y について解くと, $y = dx^2 - bdx + b^2d - a + (ab-b^3d-c)/(x+b)$ となる. この問題では, 最後の項は $-1,008/(x+5)$ である. このことから, 整数 $x+5$ は, 1,008 の (正または負の) 約数でなければな

らない．1,008 には 30 個の正の約数があるので，60 通りの整数解がある．

(b) x と y がともに素数になるような解は 7 通りある．それは，$(x, y) = (2, 7), (7, 227), (31, 6{,}619), (-3, -113), (-19, 3{,}919), (-23, 5{,}407), (-89, 67{,}134), (-173, 246{,}557)$ である．

(c) x と y がともに負整数になるような解は 4 通りある．それは，$(x, y) = (-1, -5), (-2, -25), (-3, -113), (-4, -521)$ である．

43 直列素数三角形

x_0, y_0, x_1 をピタゴラスの三角形の 3 辺とすると，もっとも一般的な解は $x_0 = K(m^2 - n^2)$, $y_0 = 2Kmn$, $x_1 = K(m^2 + n^2)$ になる．ただし，m と n は偶奇が逆で互いに素とする．ここでは，x_0 と x_1 が素数であることを要求しているので，$K = 1$ かつ $n = m - 1$ である．このことから，$x_0 = 2m - 1$, $x_1 = (x_0^2 + 1)/2$, $x_2 = (x_1^2 + 1)/2$, $x_3 = (x_2^2 + 1)/2$, $x_4 = (x_3^2 + 1)/2$, ... が得られる．

(a) 直列になるピタゴラスの三角形 3 個の最初のいくつかの例は，$(m, x_0) = (136, 271), (175, 349), (1{,}501, 3{,}001), (5{,}050, 10{,}099), (5{,}860, 11{,}719), \ldots$ である．

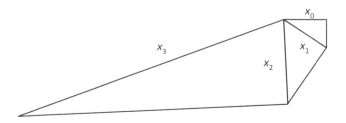

(b) 直列になるピタゴラスの三角形 4 個の最初のいくつかの例は，$(m, x_0) = (84{,}610, 169{,}219), (685{,}135, 1{,}370{,}269), (2{,}982{,}850, 5{,}965{,}699), (7{,}613{,}940, 15{,}227{,}879), (8{,}875{,}491, 17{,}750{,}981),$

(9,671,280, 19,342,559), ... である.

44 養鶏業

(a) アベルのニワトリは, 8羽で6/5日に $7 \times (7/6)$ 個の卵を産むので, 1日1羽あたり $(7/8) \times (7/6) \div (6/5) = 245/288$ 個の卵を産む. バリーのニワトリは, 6羽で8/7日に $5 \times (7/6)$ 個の卵を産むので, 1日1羽あたり $(5/6) \times (7/6) \div (8/7) = 245/288$ 個の卵を産む. したがって, 彼らのニワトリの生産性は等しい.

(b) アベルの48羽のニワトリから1日に245/6個の卵が得られるので, 245個の卵を得るには6日待たなければならない.

(c) バリーの300羽のニワトリから1日に6,125/24個の卵が得られるので, 6,125個の卵を得るには24日待たなければならない.

45 騎士のジレンマ

騎士は, 正 n 角形の辺を歩かなければならない. s を1辺の長さ, h を正多角形の中心から辺の中点までの距離とする ($2h/s = \cot(180°/n)$) と, その正多角形の面積は $A = nsh/2$ になる. この多角形を一周するのにかかる時間は, n 辺を歩く ns/v 分と, それぞれの杭を打つのに k 秒かかるとすると, n 本の杭で $kn/60$ 分かかる. この二つの時間を足し合わせて24時間 = 1,440分なので, $ns/v = 1,440 - kn/60$ である. この正多角形の面積を最大にするには, k を選んで, $A = v^2 \cot(180°/n)(1,440 - nk/60)^2/(4n)$ が

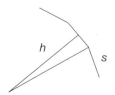

最大になる n を求める．たとえば，k が 10 の場合は $n = 31$ であり，k が 60 の場合は $n = 17$ である．このほかの k についても確かめると，k が 23 のとき，n は 23 で最大になり，その場合の面積は $A = 161{,}982.4505v^2 = 1.61982 \times 10^9$ 平方フィート $= 58.103209$ 平方マイルになる．

46 正三角形からもっとも離れた三角形

$AB = 1$ となるように図を拡大縮小する．

三角形 ABC における正弦公式から，$BC = \sin A / \sin C$ および $AC = \sin B / \sin C$ である．

三角形 ABC' における正弦公式から，$AC' = AB \sin \beta / \sin(\alpha + \beta) = \sin \beta / \sin(\alpha + \beta)$ である．

三角形 $A'BC$ における正弦公式から，$A'B = BC \sin \gamma / \sin(\beta + \gamma) = \sin A \sin \gamma / (\sin C \sin(\beta + \gamma))$ である．

三角形 $AB'C$ における正弦公式から，$AB' = AC \sin \gamma / \sin(\alpha + \gamma) = \sin B \sin \gamma / (\sin C \sin(\alpha + \gamma))$ である．

これらの式から，A', B', C' それぞれの座標は次のようになる．

$$C'_x = AC' \cos \alpha = \frac{\sin \beta \cos \alpha}{\sin(\alpha + \beta)}$$

$$C'_y = AC' \sin \alpha = \frac{\sin \beta \sin \alpha}{\sin(\alpha + \beta)}$$

$$A'_x = 1 - A'B \cos(B - \beta) = 1 - \frac{\sin A \sin \gamma \cos(B - \beta)}{\sin C \sin(\beta + \gamma)}$$

$$A'_y = A'B \sin(B - \beta) = \frac{\sin A \sin \gamma \sin(B - \beta)}{\sin C \sin(\beta + \gamma)}$$

$$B'_x = AB' \cos(A - \alpha) = \frac{\sin B \sin \gamma \cos(A - \alpha)}{\sin C \sin(\alpha + \gamma)}$$

$$B'_y = AB' \sin(A - \alpha) = \frac{\sin B \sin \gamma \sin(A - \alpha)}{\sin C \sin(\alpha + \gamma)}$$

数値計算によってこの問題を調べると，ε をいくらでも小さくすると

き，$A = 180° - 2\varepsilon$, $B = \varepsilon$, $C = \varepsilon$ とし，n をいくらでも大きくすることで，f をいくらでも上限に近づけられることがはっきりと分かる．このようにすると，$B'C' = a' = 2\varepsilon/\pi$, $A'C' = b' = A'B' = c' = \varepsilon\sqrt{(1+1/\pi^2)}$ となる．これから，極限となる三角形 A'B'C' の角度は右の図のように $\varphi = 2a\tan(1/\pi) = 35.3135743°$, $\theta = 72.34321285°$ であり，f の上限は $74.05927709°$ になる．

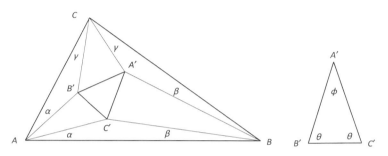

47 薬剤師

表記：(A, B, f_A, f_B) は，大きい薬瓶には A ml に錠剤 f_A 錠分が溶けていて，小さい薬瓶には B ml に錠剤 f_B 錠分が溶けていることを表わす．最初のステップは，常にどちらか一方の薬瓶に水を注ぐことで始まり，そのあとは f_A または f_B が f に一致するまで次のようなステップで進める．錠剤を薬瓶に入れることも 1 ステップに数える．ほかの f の結果を使っているステップについては省略されている．

(a) 薬瓶の容量が 5 ml と 4 ml の場合：$n = 1$–10, 12–21, 24–28, 30, 32–36, 38–40, 45, 48–52, 56, 57, 60, 61, 64–68, 70, 74–76, 80, 85 に対して解がある．

$f = 20\%$ および 80% ：$(5, 0, 0, 0) \to (5, 0, 1, 0) \to$
(3 ステップ)　　　　　　　$(1, 4, 0.2, 0.8)$

解　答

$f = 25\%$ および 75% : $(0, 4, 0, 0) \to (4, 0, 0, 0) \to$
(5 ステップ) $(4, 4, 0, 0) \to (4, 4, 0, 1) \to$
$(5, 3, 0.25, 0.75)$

$f = 4\%$ および 16% : $(1, 4, 0.2, 0.8) \to (1, 0, 0.2, 0) \to$
(6 ステップ) $(5, 0, 0.2, 0) \to (1, 4, 0.04, 0.16)$

$f = 64\%$: $(1, 4, 0.2, 0.8) \to (0, 4, 0, 0.8) \to (4, 0, 0.8, 0) \to$
(7 ステップ) $(5, 0, 0.8, 0) \to (1, 4, 0.16, 0.64)$

$f = 15\%$ および 85% : $(4, 0, 0, 0) \to (4, 0, 1, 0) \to$
(7 ステップ) $(4, 4, 1, 0) \to (5, 3, 1, 0) \to$
$(4, 4, 0.8, 0.2) \to (5, 3, 0.85, 0.15)$

$f = 5\%$: $(5, 3, 0.25, 0.75) \to (5, 0, 0.25, 0) \to$
(7 ステップ) $(1, 4, 0.05, 0.2)$

$f = 40\%$ および 60% : $(5, 0, 0, 0) \to (1, 4, 0, 0) \to$
(7 ステップ) $(1, 0, 0, 0) \to (0, 1, 0, 0) \to$
$(5, 1, 0, 0) \to (5, 1, 1, 0) \to$
$(2, 4, 0.4, 0.6)$

$f = 32\%$ および 68% : $(5, 3, 0.85, 0.15) \to (4, 4, 0.68, 0.32)$
(8 ステップ)

$f = 12\%$: $(4, 0, 0.8, 0) \to (4, 4, 0.8, 0) \to (5, 3, 0.8, 0) \to$
(9 ステップ) $(4, 4, 0.64, 0.16) \to (5, 3, 0.68, 0.12)$

$f = 6\%$ および 14% : $(1, 0, 0.2, 0) \to (0, 1, 0, 0.2) \to$
(9 ステップ) $(5, 1, 0, 0.2) \to (2, 4, 0, 0.2) \to$
$(5, 1, 0.15, 0.05) \to (2, 4, 0.06, 0.14)$

$f = 17\%$: $(5, 3, 0.85, 0.15) \to (5, 0, 0.85, 0) \to$
(9 ステップ) $(1, 4, 0.17, 0.68)$

$f = 24\%$ および 76% : $(4, 4, 0.68, 0.32) \to (5, 3, 0.76, 0.24)$
(9 ステップ)

解 答 **111**

$f = 30\%$ および 70%： $(0, 1, 0, 0) \to (0, 1, 0, 1) \to$
(9 ステップ) $(5, 1, 0, 1) \to (2, 4, 0, 1) \to$
$(5, 1, 0.75, 0.25) \to (2, 4, 0.3, 0.7)$

$f = 34\%$ および 66%： $(2, 4, 0.4, 0.6) \to$
(9 ステップ) $(5, 1, 0.85, 0.15) \to (2, 4, 0.34, 0.66)$

$f = 8\%$： $(5, 3, 0.25, 0.75) \to (4, 4, 0.2, 0.8) \to$
(9 ステップ) $(5, 3, 0.4, 0.6) \to (5, 0, 0.4, 0) \to (1, 4, 0.08, 0.32)$

$f = 49\%$ および 51%： $(5, 3, 0.4, 0.6) \to$
(9 ステップ) $(4, 4, 0.32, 0.68) \to (5, 3, 0.49, 0.51)$

$f = 50\%$： $(4, 4, 0, 0) \to (5, 3, 0, 0) \to (0, 3, 0, 0) \to$
(9 ステップ) $(3, 0, 0, 0) \to (3, 4, 0, 0) \to (3, 4, 0, 1) \to$
$(5, 2, 0.5, 0.5)$

$f = 3\%$： $(5, 1, 0.15, 0.05) \to (5, 0, 0.15, 0) \to$
(10 ステップ) $(1, 4, 0.03, 0.12)$

$f = 45\%$： $(5, 3, 0.25, 0.75) \to (0, 3, 0, 0.75) \to$
(10 ステップ) $(3, 0, 0.75, 0) \to (3, 4, 0.75, 0) \to$
$(5, 2, 0.75, 0) \to (3, 4, 0.45, 0.3)$

$f = 1\%$： $(1, 4, 0.05, 0.2) \to (1, 0, 0.05, 0) \to$
(10 ステップ) $(5, 0, 0.05, 0) \to (1, 4, 0.01, 0.04)$

$f = 33\%$ および 67%： $(2, 4, 0.3, 0.7) \to$
(11 ステップ) $(5, 1, 0.825, 0.175) \to$
$(2, 4, 0.33, 0.67)$

$f = 48\%$： $(2, 4, 0.4, 0.6) \to (0, 4, 0, 0.6) \to (4, 0, 0.6, 0) \to$
(11 ステップ) $(5, 0, 0.6, 0) \to (1, 4, 0.12, 0.48)$

$f = 10\%$： $(5, 2, 0.5, 0.5) \to (5, 0, 0.5, 0) \to (1, 4, 0.1, 0.4)$
(11 ステップ)

$f = 65\%$ および 35%： $(5, 2, 0.5, 0.5) \to (3, 4, 0.3, 0.7) \to$
(11 ステップ) $(5, 2, 0.65, 0.35)$

$f = 9\%$：　$(5, 3, 0.85, 0.15) \to (0, 3, 0, 0.15) \to$
（12 ステップ）　$(3, 0, 0.15, 0) \to (3, 4, 0.15, 0) \to$
　　　　　　　　$(5, 2, 0.15, 0) \to (3, 4, 0.09, 0.06)$

$f = 36\%$ および 39%：　$(3, 4, 0.45, 0.3) \to$
（12 ステップ）　　　　　　$(5, 2, 0.6, 0.15) \to (3, 4, 0.36, 0.39)$

$f = 52\%$：　$(3, 4, 0, 0) \to (5, 2, 0, 0) \to (5, 2, 1, 0) \to$
（12 ステップ）　$(3, 4, 0.6, 0.4) \to (5, 2, 0.8, 0.2) \to$
　　　　　　　　$(3, 4, 0.48, 0.52)$

$f = 61\%$：　$(5, 2, 0.65, 0.35) \to (3, 4, 0.39, 0.61)$
（12 ステップ）

$f = 18\%$：　$(5, 3, 0.76, 0.24) \to (0, 3, 0, 0.24) \to$
（13 ステップ）　$(5, 3, 0, 0.24) \to (4, 4, 0, 0.24) \to$
　　　　　　　　$(5, 3, 0.06, 0.18)$

$f = 56\%$：　$(2, 4, 0.3, 0.7) \to (0, 4, 0, 0.7) \to (4, 0, 0.7, 0) \to$
（13 ステップ）　$(5, 0, 0.7, 0) \to (1, 4, 0.14, 0.56)$

$f = 28\%$：　$(2, 4, 0.4, 0.6) \to (2, 0, 0.4, 0) \to (0, 2, 0, 0.4) \to$
（13 ステップ）　$(5, 2, 0, 0.4) \to (3, 4, 0, 0.4) \to (5, 2, 0.2, 0.2) \to$
　　　　　　　　$(3, 4, 0.12, 0.28)$

$f = 26\%$ および 74%：　$(3, 4, 0.48, 0.52) \to (5, 2, 0.74, 0.26)$
（13 ステップ）

$f = 13\%$：　$(5, 2, 0.65, 0.35) \to (5, 0, 0.65, 0) \to$
（13 ステップ）　$(1, 4, 0.13, 0.52)$

$f = 57\%$：　$(0, 3, 0, 0.75) \to (0, 4, 0, 0.75) \to$
（14 ステップ）　$(4, 0, 0.75, 0) \to (4, 4, 0.75, 0) \to$
　　　　　　　　$(5, 3, 0.75, 0) \to (4, 4, 0.6, 0.15) \to$
　　　　　　　　$(5, 3, 51/80, 9/80) \to (4, 4, 0.51, 0.24) \to$
　　　　　　　　$(5, 3, 0.57, 0.18)$

$f = 27\,\%$： $(3, 4, 0.45, 0.3) \to (3, 0, 0.45, 0) \to$
(14ステップ) $(3, 4, 0.45, 0) \to (5, 2, 0.45, 0) \to$
$(3, 4, 0.27, 0.18)$

$f = 2\,\%$： $(1, 4, 0.08, 0.32) \to (1, 0, 0.08, 0) \to$
(14ステップ) $(0, 1, 0, 0.08) \to (5, 1, 0, 0.08) \to$
$(2, 4, 0, 0.08) \to (5, 1, 0.06, 0.02)$

$f = 21\,\%$： $(2, 4, 0.3, 0.7) \to (2, 0, 0.3, 0) \to (0, 2, 0, 0.3) \to$
(15ステップ) $(5, 2, 0, 0.3) \to (3, 4, 0, 0.3) \to$
$(5, 2, 0.15, 0.15) \to (3, 4, 0.09, 0.21)$

$f = 7\,\%$： $(5, 2, 0.5, 0.5) \to (3, 4, 0.3, 0.7) \to$
(15ステップ) $(5, 2, 0.65, 0.35) \to (0, 2, 0, 0.35) \to$
$(2, 0, 0.35, 0) \to (5, 0, 0.35, 0) \to$
$(1, 4, 0.07, 0.28)$

$f = 19\,\%$： $(5, 1, 0.75, 0.25) \to (0, 1, 0, 0.25) \to$
(17ステップ) $(0, 4, 0, 0.25) \to (4, 0, 0.25, 0) \to$
$(4, 4, 0.25, 0) \to (5, 3, 0.25, 0) \to$
$(4, 4, 0.2, 0.05) \to (5, 3, 17/80, 3/80) \to$
$(4, 4, 0.17, 0.08) \to (5, 3, 0.19, 0.06)$

$f = 38\,\%$： $(5, 2, 0.5, 0.5) \to (0, 2, 0, 0.5) \to (0, 4, 0, 0.5) \to$
(18ステップ) $(4, 0, 0.5, 0) \to (4, 4, 0.5, 0) \to (5, 3, 0.5, 0) \to$
$(4, 4, 0.4, 0.1) \to (5, 3, 0.425, 0.075) \to$
$(4, 4, 0.34, 0.16) \to (5, 3, 0.38, 0.12)$

(b) 薬瓶の容量が5 ml と1 ml の場合：$n = $ 1–6, 8–10, 12, 15, 16, 18, 20, 24, 25, 27, 30, 32, 36, 40, 45, 48, 50, 60, 64, 75, 80 に対して解がある.

$f = 20\,\%$および$80\,\%$： $(5, 0, 0, 0) \to (5, 0, 1, 0) \to$
(3ステップ) $(4, 1, 0.8, 0.2)$

$f = 60\%$: $(4, 1, 0.8, 0.2) \to (3, 2, 0.6, 0.4)$
(5 ステップ)

$f = 25\%$ および 75% : $(5, 0, 0, 0) \to (4, 1, 0, 0) \to$
(5 ステップ) $(4, 0, 0, 0) \to (4, 0, 1, 0) \to$
$(3, 1, 0.75, 0.25)$

$f = 16\%$ および 64% : $(4, 1, 0.8, 0.2) \to (4, 0, 0.8, 0) \to$
(6 ステップ) $(5, 0, 0.8, 0) \to (4, 1, 0.64, 0.16)$

$f = 50\%$: $(0, 1, 0, 0) \to (1, 0, 0, 0) \to (1, 1, 0, 0) \to$
(6 ステップ) $(2, 0, 0, 0) \to (2, 0, 1, 0) \to (1, 1, 0.5, 0.5)$

$f = 4\%$: $(4, 1, 0.8, 0.2) \to (0, 1, 0, 0.2) \to (1, 0, 0.2, 0) \to$
(7 ステップ) $(5, 0, 0.2, 0) \to (4, 1, 0.16, 0.04)$

$f = 12\%$ および 48% : $(3, 1, 0.6, 0.2) \to (3, 0, 0.6, 0) \to$
(8 ステップ) $(5, 0, 0.6, 0) \to (4, 1, 0.48, 0.12)$

$f = 10\%$: $(0, 1, 0, 0.2) \to (1, 0, 0.2, 0) \to (1, 1, 0.2, 0) \to$
(8 ステップ) $(2, 0, 0.2, 0) \to (1, 1, 0.1, 0.1)$

$f = 15\%$: $(3, 1, 0.75, 0.25) \to (3, 0, 0.75, 0) \to$
(8 ステップ) $(5, 0, 0.75, 0) \to (4, 1, 0.6, 0.15)$

$f = 45\%$: $(3, 1, 0.6, 0.2) \to (3, 0, 0.6, 0) \to (3, 1, 0.6, 0) \to$
(9 ステップ) $(4, 0, 0.6, 0) \to (3, 1, 0.45, 0.15)$

$f = 5\%$: $(3, 1, 0.75, 0.25) \to (0, 1, 0, 0.25) \to$
(9 ステップ) $(1, 0, 0.25, 0) \to (5, 0, 0.25, 0) \to (4, 1, 0.2, 0.05)$

$f = 8\%$ および 32% : $(3, 0, 0.6, 0) \to (2, 1, 0.4, 0.2) \to$
(10 ステップ) $(2, 0, 0.4, 0) \to (5, 0, 0.4, 0) \to$
$(4, 1, 0.32, 0.08)$

$f = 36\%$: $(4, 1, 0.48, 0.12) \to (4, 0, 0.48, 0) \to$
(10 ステップ) $(3, 1, 0.36, 0.12)$

$f = 2\%$:　$(1,1,0.1,0.1) \to (1,0,0.1,0) \to (5,0,0.1,0) \to$
（11 ステップ）$(4,1,0.08,0.02)$

$f = 30\%$:　$(3,1,0.45,0.15) \to (3,0,0.45,0) \to$
（11 ステップ）$(2,1,0.3,0.15)$

$f = 24\%$:　$(3,1,0.36,0.12) \to (3,0,0.36,0) \to$
（12 ステップ）$(2,1,0.24,0.12)$

$f = 9\%$:　$(3,0,0.45,0) \to (5,0,0.45,0) \to$
（12 ステップ）$(4,1,0.36,0.09)$

$f = 3\%$:　$(4,1,0.6,0.15) \to (0,1,0,0.15) \to$
（12 ステップ）$(1,0,0.15,0) \to (5,0,0.15,0) \to$
　　　　　　$(4,1,0.12,0.03)$

$f = 6\%$:　$(4,1,0.08,0.02) \to (4,0,0.08,0) \to$
（13 ステップ）$(3,1,0.06,0.02)$

$f = 1\%$:　$(4,1,0.2,0.05) \to (0,1,0,0.05) \to$
（13 ステップ）$(1,0,0.05,0) \to (5,0,0.05,0) \to$
　　　　　　$(4,1,0.04,0.01)$

$f = 27\%$:　$(3,0,0.36,0) \to (3,1,0.36,0) \to$
（14 ステップ）$(4,0,0.36,0) \to (3,1,0.27,0.09)$

$f = 18\%$:　$(3,1,0.27,0.09) \to (3,0,0.27,0) \to$
（16 ステップ）$(2,1,0.18,0.09)$

(c) 薬瓶の容量が 9 ml と 1 ml の場合：n = 1–10, 12, 14–16, 18, 20, 21, 24, 25, 27, 28, 30, 32, 35, 36, 40, 42, 45, 48–50, 56, 60, 64, 70, 75, 80 に対して解がある．

$f = 50\%$: $(0,1,0,0) \to (1,0,0,0) \to (1,1,0,0) \to$
（6 ステップ）$(2,0,0,0) \to (2,0,1,0) \to (1,1,0.5,0.5)$

$f = 75\,\%$:　$(9,0,0,0) \to (8,1,0,0) \to (8,0,0,0) \to$
(7 ステップ)　$(8,0,1,0) \to (7,1,0.875,0.125) \to$
　　　　　　$(7,0,0.875,0) \to (6,1,0.75,0.125)$

$f = 25\,\%$:　$(2,0,0,0) \to (2,1,0,0) \to (3,0,0,0) \to$
(10 ステップ)　$(3,1,0,0) \to (4,0,0,0) \to (4,0,1,0) \to$
　　　　　　$(3,1,0.75,0.25)$

$f = 20\,\%$ および $80\,\%$:　$(8,0,0,0) \to (7,1,0,0) \to$
(11 ステップ)　　　　　　$(7,0,0,0) \to (6,1,0,0) \to$
　　　　　　　　　　　$(6,0,0,0) \to (5,1,0,0) \to$
　　　　　　　　　　　$(5,0,0,0) \to (5,0,1,0) \to$
　　　　　　　　　　　$(4,1,0.8,0.2)$

$f = 60\,\%$:　$(4,1,0.8,0.2) \to (4,0,0.8,0) \to (3,1,0.6,0.2)$
(13 ステップ)

$f = 10\,\%$ および $40\,\%$:　$(6,1,0.75,0.125) \to$
(15 ステップ)　　　　　　$(6,0,0.75,0) \to$
　　　　　　　　　　　$(5,1,0.625,0.125) \to$
　　　　　　　　　　　$(5,0,0.625,0) \to$
　　　　　　　　　　　$(4,1,0.5,0.125) \to (4,0,0.5,0) \to$
　　　　　　　　　　　$(4,1,0.5,0) \to (5,0,0.5,0) \to$
　　　　　　　　　　　$(4,1,0.4,0.1)$

$f = 16\,\%$ および $64\,\%$:　$(4,0,0.8,0) \to (4,1,0.8,0) \to$
(15 ステップ)　　　　　　$(5,0,0.8,0) \to (4,1,0.64,0.16)$

$f = 15\,\%$:　$(3,1,0.75,0.25) \to (3,0,0.75,0) \to$
(16 ステップ)　$(3,1,0.75,0) \to (4,0,0.75,0) \to$
　　　　　　$(4,1,0.75,0) \to (5,0,0.75,0) \to (4,1,0.6,0.15)$

$f = 30\,\%$:　$(4,1,0.4,0.1) \to (4,0,0.4,0) \to (3,1,0.3,0.1)$
(17 ステップ)

$f = 48\,\%$: $(4, 1, 0.64, 0.16) \to (4, 0, 0.64, 0) \to$
(17 ステップ) $(3, 1, 0.48, 0.16)$

$f = 45\,\%$: $(3, 1, 0.6, 0.2) \to (3, 0, 0.6, 0) \to (3, 1, 0.6, 0) \to$
(17 ステップ) $(4, 0, 0.6, 0) \to (3, 1, 0.45, 0.15)$

$f = 35\,\%$: $(7, 0, 0.875, 0) \to (7, 1, 0.875, 0) \to$
(19 ステップ) $(8, 0, 0.875, 0) \to (7, 1, 49/64, 7/64) \to$
$(7, 0, 49/64, 0) \to (6, 1, 21/32, 7/64) \to$
$(6, 0, 21/32, 0) \to (5, 1, 35/64, 7/64) \to$
$(5, 0, 35/64, 0) \to (4, 1, 7/16, 7/64) \to$
$(4, 0, 7/16, 0) \to (4, 1, 7/16, 0) \to$
$(5, 0, 7/16, 0) \to (4, 1, 0.35, 0.0875)$

$f = 8\,\%$ および $32\,\%$: $(4, 0, 0.4, 0) \to (4, 1, 0.4, 0) \to$
(19 ステップ)　　　　　　 $(5, 0, 0.4, 0) \to (4, 1, 0.32, 0.08)$

$f = 12\,\%$: $(4, 0, 0.6, 0) \to (4, 1, 0.6, 0) \to (5, 0, 0.6, 0) \to$
(19 ステップ) $(4, 1, 0.48, 0.12)$

$f = 5\,\%$: $(9, 0, 0, 0) \to (9, 0, 1, 0) \to (8, 1, 8/9, 1/9) \to$
(20 ステップ) $(0, 1, 0, 1/9) \to (1, 0, 1/9, 0) \to (1, 1, 1/9, 0) \to$
$(2, 0, 1/9, 0) \to (2, 1, 1/9, 0) \to (3, 0, 1/9, 0) \to$
$(3, 1, 1/9, 0) \to (4, 0, 1/9, 0) \to (4, 1, 1/9, 0) \to$
$(5, 0, 1/9, 0) \to (4, 1, 4/45, 1/45) \to$
$(4, 0, 4/45, 0) \to (3, 1, 1/15, 1/45) \to$
$(3, 0, 1/15, 0) \to (3, 1, 1/15, 0) \to$
$(4, 0, 1/15, 0) \to (3, 1, 0.05, 1/60)$

118　解　答

$f = 2\,\%$：　　$(7, 1, 0.875, 0.125) \to (0, 1, 0, 0.125) \to$
(20 ステップ)　$(1, 0, 0.125, 0) \to (1, 1, 0.125, 0) \to$
　　　　　　　$(2, 0, 0.125, 0) \to (2, 1, 0.125, 0) \to$
　　　　　　　$(3, 0, 0.125, 0) \to (3, 1, 0.125, 0) \to$
　　　　　　　$(4, 0, 0.125, 0) \to (4, 1, 0.125, 0) \to$
　　　　　　　$(5, 0, 0.125, 0) \to (4, 1, 0.1, 0.025) \to$
　　　　　　　$(4, 0, 0.1, 0) \to (4, 1, 0.1, 0) \to (5, 0, 0.1, 0) \to$
　　　　　　　$(4, 1, 0.08, 0.02)$

$f = 24\,\%$：　$(4, 1, 0.32, 0.08) \to (4, 0, 0.32, 0) \to$
(21 ステップ)　$(3, 1, 0.24, 0.08)$

$f = 70\,\%$：　$(5, 0, 0.8, 0) \to (5, 1, 0.8, 0) \to (6, 0, 0.8, 0) \to$
(21 ステップ)　$(6, 1, 0.8, 0) \to (7, 0, 0.8, 0) \to (7, 1, 0.8, 0) \to$
　　　　　　　$(8, 0, 0.8, 0) \to (7, 1, 0.7, 0.1)$

$f = 36\,\%$：　$(3, 1, 0.48, 0.16) \to (3, 0, 0.48, 0) \to$
(21 ステップ)　$(3, 1, 0.48, 0) \to (4, 0, 0.48, 0) \to$
　　　　　　　$(3, 1, 0.36, 0.12)$

$f = 6\,\%$：　　$(4, 1, 0.08, 0.02) \to (4, 0, 0.08, 0) \to$
(22 ステップ)　$(3, 1, 0.06, 0.02)$

$f = 4\,\%$：　　$(4, 1, 0.8, 0.2) \to (0, 1, 0, 0.2) \to (1, 0, 0.2, 0) \to$
(22 ステップ)　$(1, 1, 0.2, 0) \to (2, 0, 0.2, 0) \to (2, 1, 0.2, 0) \to$
　　　　　　　$(3, 0, 0.2, 0) \to (3, 1, 0.2, 0) \to (4, 0, 0.2, 0) \to$
　　　　　　　$(4, 1, 0.2, 0) \to (5, 0, 0.2, 0) \to (4, 1, 0.16, 0.04)$

$f = 7\,\%$ および $28\,\%$：$(4, 1, 0.35, 0.0875) \to$
(23 ステップ)　　　　　　$(4, 0, 0.35, 0) \to (4, 1, 0.35, 0) \to$
　　　　　　　　　　　　$(5, 0, 0.35, 0) \to (4, 1, 0.28, 0.07)$

解答 **119**

$f = 9\,\%$: $(3, 1, 0.45, 0.15) \to (3, 0, 0.45, 0) \to$
(23 ステップ) $(3, 1, 0.45, 0) \to (4, 0, 0.45, 0) \to$
$(4, 1, 0.45, 0) \to (5, 0, 0.45, 0) \to$
$(4, 1, 0.36, 0.09)$

$f = 1\,\%$: $(2, 0, 0.125, 0) \to (1, 1, 1/16, 1/16) \to$
(24 ステップ) $(1, 0, 1/16, 0) \to (1, 1, 1/16, 0) \to$
$(1, 0, 1/16, 0) \to (2, 1, 1/16, 0) \to$
$(3, 0, 1/16, 0) \to (3, 1, 1/16, 0) \to$
$(4, 0, 1/16, 0) \to (4, 1, 1/16, 0) \to$
$(5, 0, 1/16, 0) \to (4, 1, 0.05, 1/80) \to$
$(4, 0, 0.05, 0) \to (4, 1, 0.05, 0) \to$
$(5, 0, 0.05, 0) \to (4, 1, 0.04, 0.01)$

$f = 21\,\%$: $(4, 1, 0.28, 0.07) \to (4, 0, 0.28, 0) \to$
(25 ステップ) $(3, 1, 0.21, 0.07)$

$f = 18\,\%$: $(3, 1, 0.24, 0.08) \to (4, 0, 0.24, 0) \to$
(25 ステップ) $(3, 1, 0.18, 0.06)$

$f = 56\,\%$: $(4, 0, 0.64, 0) \to (4, 1, 0.64, 0) \to$
(25 ステップ) $(5, 0, 0.64, 0) \to (5, 1, 0.64, 0) \to$
$(6, 0, 0.64, 0) \to (6, 1, 0.64, 0) \to$
$(7, 0, 0.64, 0) \to (7, 1, 0.64, 0) \to$
$(8, 0, 0.64, 0) \to (7, 1, 0.56, 0.08)$

$f = 27\,\%$: $(3, 1, 0.36, 0.12) \to (3, 0, 0.36, 0) \to$
(25 ステップ) $(3, 1, 0.36, 0) \to (4, 0, 0.36, 0) \to$
$(3, 1, 0.27, 0.09)$

$f = 3\,\%$: $(4, 1, 0.04, 0.01) \to (4, 0, 0.04, 0) \to$
(26 ステップ) $(3, 1, 0.03, 0.01)$

$f = 14\,\%$: $(3, 1, 0.21, 0.07) \to (3, 0, 0.21, 0) \to$
(27 ステップ) $(2, 1, 0.14, 0.07)$

$f = 49\,\%$：　$(7,1,0.56,0.08) \to (7,0,0.56,0) \to$
（29 ステップ）$(7,1,0.56,0) \to (8,0,0.56,0) \to$
　　　　　　　$(7,1,0.49,0.07)$

$f = 42\,\%$：　$(4,0,0.48,0) \to (4,1,0.48,0) \to$
（29 ステップ）$(5,0,0.48,0) \to (5,1,0.48,0) \to$
　　　　　　　$(6,0,0.48,0) \to (6,1,0.48,0) \to$
　　　　　　　$(7,0,0.48,0) \to (7,1,0.48,0) \to$
　　　　　　　$(8,0,0.48,0) \to (7,1,0.42,0.06)$

(d) 薬瓶の容量が 8 ml と 5 ml の場合：$n = $ 1–18, 20–22, 24, 25, 27, 30, 32–36, 40, 42, 44, 45, 50–52, 56, 58, 60, 64–66, 68, 70, 72, 75, 80, 83, 85, 88–90 に対して解がある.

$f = 40\,\%$ および $60\,\%$：$(0,5,0,0) \to (5,0,0,0) \to$
（5 ステップ）　　　　　　$(5,5,0,0) \to (5,5,0,1) \to$
　　　　　　　　　　　　$(8,2,0.6,0.4)$

$f = 15\,\%$ および $85\,\%$：$(5,5,0,0) \to (8,2,0,0) \to$
（7 ステップ）　　　　　　$(8,2,1,0) \to (5,5,0.625,0.375) \to$
　　　　　　　　　　　　$(8,2,0.85,0.15)$

$f = 25\,\%$ および $75\,\%$：$(8,0,0,0) \to (3,5,0,0) \to$
（7 ステップ）　　　　　　$(3,0,0,0) \to (0,3,0,0) \to$
　　　　　　　　　　　　$(8,3,0,0) \to (8,3,1,0) \to$
　　　　　　　　　　　　$(6,5,0.75,0.25)$

$f = 30\,\%$ および $70\,\%$：$(8,3,0,0) \to (6,5,0,0) \to$
（9 ステップ）　　　　　　$(6,5,0,1) \to (8,3,0.4,0.6) \to$
　　　　　　　　　　　　$(6,5,0.3,0.7)$

$f = 16\,\%$ および $24\,\%$：$(8,2,0.6,0.4) \to (0,2,0,0.4) \to$
（9 ステップ）　　　　　　$(8,2,0,0.4) \to (5,5,0,0.4) \to$
　　　　　　　　　　　　$(8,2,0.24,0.16)$

解　答　**121**

$f = \mathbf{42\,\%}$ および $\mathbf{58\,\%}$：$(6, 5, 0.3, 0.7) \to (8, 3, 0.58, 0.42)$
(10 ステップ)

$f = \mathbf{6\,\%}$ および $\mathbf{9\,\%}$：$(8, 2, 0.85, 0.15) \to (0, 2, 0, 0.15) \to$
(11 ステップ)　　　　　$(8, 2, 0, 0.15) \to (5, 5, 0, 0.15) \to$
　　　　　　　　　　　$(8, 2, 0.09, 0.06)$

$f = \mathbf{5\,\%}$：　$(6, 5, 0.3, 0.7) \to (6, 0, 0.3, 0) \to$
(11 ステップ) $(1, 5, 0.05, 0.25)$

$f = \mathbf{10\,\%}$：　$(8, 2, 0.24, 0.16) \to (5, 5, 0.15, 0.25) \to$
(11 ステップ) $(8, 2, 0.3, 0.1)$

$f = \mathbf{20\,\%}$ および $\mathbf{80\,\%}$：$(8, 2, 0, 0) \to (0, 2, 0, 0) \to$
(11 ステップ)　　　　　$(2, 0, 0, 0) \to (2, 5, 0, 0) \to$
　　　　　　　　　　　$(7, 0, 0, 0) \to (7, 5, 0, 0) \to$
　　　　　　　　　　　$(7, 5, 0, 1) \to (8, 4, 0.2, 8)$

$f = \mathbf{34\,\%}$：　$(0, 2, 0, 0.4) \to (0, 5, 0, 0.4) \to (5, 0, 0.4, 0) \to$
(12 ステップ) $(5, 5, 0.4, 0) \to (8, 2, 0.4, 0) \to$
　　　　　　　$(5, 5, 0.25, 0.15) \to (8, 2, 0.34, 0.06)$

$f = \mathbf{35\,\%}$：　$(0, 2, 0, 0.4) \to (2, 0, 0.4, 0) \to (2, 5, 0.4, 0) \to$
(12 ステップ) $(7, 0, 0.4, 0) \to (7, 5, 0.4, 0) \to (8, 4, 0.4, 0) \to$
　　　　　　　$(7, 5, 0.35, 0.05)$

$f = \mathbf{36\,\%}$：　$(8, 3, 0.4, 0.6) \to (0, 3, 0, 0.6) \to (8, 3, 0, 0.6) \to$
(12 ステップ) $(6, 5, 0, 0.6) \to (8, 3, 0.24, 0.36)$

$f = \mathbf{18\,\%}$：　$(8, 3, 0.24, 0.36) \to (6, 5, 0.18, 0.42)$
(13 ステップ)

$f = \mathbf{50\,\%}$：　$(6, 5, 0, 0) \to (6, 0, 0, 0) \to (1, 5, 0, 0) \to$
(13 ステップ) $(1, 0, 0, 0) \to (0, 1, 0, 0) \to (8, 1, 0, 0) \to$
　　　　　　　$(8, 1, 1, 0) \to (4, 5, 0.5, 0.5)$

$f = \mathbf{4\,\%}$：　$(7, 5, 0.35, 0.05) \to (8, 4, 0.36, 0.04)$
(13 ステップ)

$f = 90\,\%$: $(7, 5, 0, 0) \to (8, 4, 0, 0) \to (8, 4, 1, 0) \to$
(13 ステップ) $(7, 5, 0.875, 0.125) \to (8, 4, 0.9, 0.1)$

$f = 66\,\%$: $(8, 4, 0.2, 8) \to (7, 5, 0.175, 0.825) \to$
(13 ステップ) $(8, 4, 0.34, 0.66)$

$f = 3\,\%$: $(6, 5, 0.18, 0.42) \to (6, 0, 0.18, 0) \to$
(15 ステップ) $(1, 5, 0.03, 0.15)$

$f = 51\,\%$: $(0, 3, 0, 0.6) \to (0, 5, 0, 0.6) \to (5, 0, 0.6, 0) \to$
(15 ステップ) $(5, 5, 0.6, 0) \to (8, 2, 0.6, 0) \to$
$\qquad (5, 5, 0.375, 0.225) \to (8, 2, 0.51, 0.09)$

$f = 45\,\%$ および $55\,\%$: $(4, 5, 0.5, 0.5) \to (8, 1, 0.9, 0.1) \to$
(15 ステップ) $\qquad (4, 5, 0.45, 0.55)$

$f = 12\,\%$: $(8, 2, 0.24, 0.16) \to (0, 2, 0, 0.16) \to$
(15 ステップ) $(8, 2, 0, 0.16) \to (5, 5, 0, 0.16) \to$
$\qquad (8, 2, 0.096, 0.064) \to (5, 5, 0.06, 0.1) \to$
$\qquad (8, 2, 0.12, 0.04)$

$f = 17\,\%$ および $83\,\%$: $(8, 4, 0.9, 0.1) \to$
(15 ステップ) $\qquad (7, 5, 63/80, 17/80) \to$
$\qquad (8, 4, 0.83, 0.17)$

$f = 64\,\%$: $(8, 4, 0.2, 0.8) \to (0, 4, 0, 0.8) \to (8, 4, 0, 0.8) \to$
(15 ステップ) $(7, 5, 0, 0.8) \to (8, 4, 0.16, 0.64)$

$f = 11\,\%$ および $89\,\%$: $(6, 5, 0.75, 0.25) \to (6, 0, 0.75, 0) \to$
(16 ステップ) $\qquad (1, 5, 0.125, 0.625) \to$
$\qquad (1, 0, 0.125, 0) \to (0, 1, 0, 0.125) \to$
$\qquad (8, 1, 0, 0.125) \to (4, 5, 0, 0.125) \to$
$\qquad (8, 1, 0.1, 0.025) \to$
$\qquad (4, 5, 0.05, 0.075) \to$
$\qquad (8, 1, 0.11, 0.015)$

解　答　**123**

$f = 1\,\%$：　$(1, 5, 0.05, 0.25) \to (1, 0, 0.05, 0) \to$
(16 ステップ)　$(0, 1, 0, 0.05) \to (8, 1, 0, 0.05) \to$
　　　　　　$(4, 5, 0, 0.05) \to (8, 1, 0.04, 0.01)$

$f = 2\,\%$：　$(6, 0, 0, 0) \to (6, 0, 1, 0) \to (1, 5, 1/6, 5/6) \to$
(16 ステップ)　$(1, 0, 1/6, 0) \to (0, 1, 0, 1/6) \to (8, 1, 0, 1/6) \to$
　　　　　　$(4, 5, 0, 1/6) \to (8, 1, 2/15, 1/30) \to$
　　　　　　$(4, 5, 1/15, 0.1) \to (8, 1, 11/75, 0.02)$

$f = 14\,\%$：　$(0, 2, 0, 0.16) \to (2, 0, 0.16, 0) \to$
(16 ステップ)　$(2, 5, 0.16, 0) \to (7, 0, 0.16, 0) \to$
　　　　　　$(7, 5, 0.16, 0) \to (8, 4, 0.16, 0) \to$
　　　　　　$(7, 5, 0.14, 0.02)$

$f = 88\,\%$：　$(8, 1, 0, 0) \to (8, 1, 0, 1) \to (4, 5, 0, 1) \to$
(16 ステップ)　$(8, 1, 0.8, 0.2) \to (4, 5, 0.4, 0.6) \to$
　　　　　　$(8, 1, 0.88, 0.12)$

$f = 44\,\%$ および $56\,\%$：$(8, 1, 0.88, 0.12) \to (4, 5, 0.44, 0.56)$
(17 ステップ)

$f = 7\,\%$：　$(8, 1, 0.11, 0.015) \to (4, 5, 0.055, 0.07)$
(17 ステップ)

$f = 8\,\%$ および $72\,\%$：　$(0, 4, 0, 0.8) \to (4, 0, 0.8, 0) \to$
(17 ステップ)　　　　　　$(4, 5, 0.8, 0) \to (8, 1, 0.8, 0) \to$
　　　　　　　　　　　$(4, 5, 0.4, 0.4) \to (8, 1, 0.72, 0.08)$

$f = 33\,\%$：　$(8, 1, 0.88, 0.12) \to (8, 0, 0.88, 0) \to$
(18 ステップ)　$(3, 5, 0.33, 0.55)$

$f = 13\,\%$：　$(0, 2, 0, 0.16) \to (0, 5, 0, 0.16) \to$
(18 ステップ)　$(5, 0, 0.16, 0) \to (5, 5, 0.16, 0) \to$
　　　　　　$(8, 2, 0.16, 0) \to (5, 5, 0.1, 0.06) \to$
　　　　　　$(8, 2, 0.136, 0.024) \to (5, 5, 0.085, 0.075) \to$
　　　　　　$(8, 2, 0.13, 0.03)$

$f = 68\%$: $(0, 4, 0, 0.8) \to (0, 5, 0, 0.8) \to (5, 0, 0.8, 0) \to$
(18 ステップ) $(5, 5, 0.8, 0) \to (8, 2, 0.8, 0) \to (5, 5, 0.5, 0.3) \to$
$(8, 2, 0.68, 0.12)$

$f = 27\%$: $(7, 5, 0, 0) \to (7, 5, 0, 1) \to (8, 4, 0.2, 0.8) \to$
(19 ステップ) $(0, 4, 0, 0.8) \to (4, 0, 0.8, 0) \to (4, 5, 0.8, 0) \to$
$(8, 1, 0.8, 0) \to (4, 5, 0.4, 0.4) \to$
$(8, 1, 0.72, 0.08) \to (8, 0, 0.72, 0) \to$
$(3, 5, 0.27, 0.45)$

$f = 32\%$: $(4, 5, 0.4, 0.6) \to (4, 0, 0.4, 0) \to (0, 4, 0, 0.4) \to$
(20 ステップ) $(8, 4, 0, 0.4) \to (7, 5, 0, 0.4) \to (8, 4, 0.08, 0.32)$

$f = 65\%$: $(8, 2, 0.68, 0.12) \to (5, 5, 0.425, 0.375) \to$
(20 ステップ) $(8, 2, 0.65, 0.15)$

$f = 22\%$: $(4, 0, 0.4, 0) \to (4, 5, 0.4, 0) \to (8, 1, 0.4, 0) \to$
(21 ステップ) $(4, 5, 0.2, 0.2) \to (8, 1, 0.36, 0.04) \to$
$(4, 5, 0.18, 0.22)$

$f = 21\%$: $(4, 5, 0.44, 0.56) \to (0, 5, 0, 0.56) \to$
(21 ステップ) $(5, 0, 0.56, 0) \to (8, 0, 0.56, 0) \to$
$(3, 5, 0.21, 0.35)$

$f = 52\%$: $(8, 4, 0.16, 0.64) \to (0, 4, 0, 0.64) \to$
(24 ステップ) $(0, 5, 0, 0.64) \to (5, 0, 0.64, 0) \to$
$(5, 5, 0.64, 0) \to (8, 2, 0.64, 0) \to$
$(5, 5, 0.4, 0.24) \to (8, 2, 0.544, 0.096) \to$
$(5, 5, 0.34, 0.3) \to (8, 2, 0.52, 0.12)$

(e) 薬瓶の容量が 12 ml と 5 ml の場合:$n = $ 1–10, 12–21, 24–28, 30, 32–36, 38–40, 45, 48–52, 56, 57, 60, 61, 64–68, 70, 74–76, 80, 85 に対して解がある.

$f = 50\%$: $(0, 5, 0, 0) \to (5, 0, 0, 0) \to (5, 5, 0, 0) \to$
(6 ステップ) $(10, 0, 0, 0) \to (10, 0, 1, 0) \to (5, 5, 0.5, 0.5)$

$f = 40\%$ および 60% ： $(10, 0, 0, 0) \to (10, 5, 0, 0) \to$
（7 ステップ）　　　　　　$(10, 5, 0, 1) \to (12, 3, 0.4, 0.6)$

$f = 10\%$ および 90% ： $(10, 5, 0, 0) \to (12, 3, 0, 0) \to$
（9 ステップ）　　　　　　$(12, 3, 1, 0) \to (10, 5, 5/6, 1/6) \to$
　　　　　　　　　　　　$(12, 3, 0.9, 0.1)$

$f = 25\%$ および 75% ： $(12, 0, 0, 0) \to (7, 5, 0, 0) \to$
（9 ステップ）　　　　　　$(7, 0, 0, 0) \to (2, 5, 0, 0) \to$
　　　　　　　　　　　　$(2, 0, 0, 0) \to (0, 2, 0, 0) \to$
　　　　　　　　　　　　$(12, 2, 0, 0) \to (12, 2, 1, 0) \to$
　　　　　　　　　　　　$(9, 5, 0.75, 0.25)$

$f = 15\%$ および 85% ： $(12, 3, 0.9, 0.1) \to$
（11 ステップ）　　　　　$(10, 5, 0.75, 0.25) \to$
　　　　　　　　　　　　$(12, 3, 0.85, 0.15)$

$f = 45\%$ および 55% ： $(12, 2, 0, 0) \to (9, 5, 0, 0) \to$
（11 ステップ）　　　　　$(9, 5, 0, 1) \to (12, 2, 0.6, 0.4) \to$
　　　　　　　　　　　　$(9, 5, 0.45, 0.55)$

$f = 24\%$ および 36% ： $(12, 3, 0.4, 0.6) \to (0, 3, 0, 0.6) \to$
（11 ステップ）　　　　　$(12, 3, 0, 0.6) \to (10, 5, 0, 0.6) \to$
　　　　　　　　　　　　$(12, 3, 0.24, 0.36)$

$f = 35\%$ ： $(0, 3, 0, 0.6) \to (3, 0, 0.6, 0) \to (12, 0, 0.6, 0) \to$
（11 ステップ）$(7, 5, 0.25, 0.35)$

$f = 30\%$ および 70% ： $(12, 3, 0.4, 0.6) \to$
（11 ステップ）　　　　　$(10, 5, 1/3, 2/3) \to$
　　　　　　　　　　　　$(12, 3, 0.6, 0.4) \to$
　　　　　　　　　　　　$(10, 5, 0.5, 0.5) \to (12, 3, 0.7, 0.3)$

$f = 13\%$ および 87% ： $(9, 5, 0.75, 0.25) \to$
(12 ステップ)　　　　　　$(12, 2, 0.9, 0.1) \to$
　　　　　　　　　　　　$(9, 5, 0.675, 0.325) \to$
　　　　　　　　　　　　$(12, 2, 0.87, 0.13)$
$f = 22\%$ および 78% ： $(9, 5, 0.45, 0.55) \to$
(12 ステップ)　　　　　　$(12, 2, 0.78, 0.22)$
$f = 20\%$ ： $(12, 3, 0.24, 0.36) \to (10, 5, 0.2, 0.4)$
(12 ステップ)
$f = 4\%$ および 6% ： $(12, 3, 0.9, 0.1) \to (0, 3, 0, 0.1) \to$
(13 ステップ)　　　　　$(12, 3, 0, 0.1) \to (10, 5, 0, 0.1) \to$
　　　　　　　　　　　$(12, 3, 0.04, 0.06)$
$f = 5\%$ ：　$(10, 0, 0, 0) \to (10, 0, 1, 0) \to (5, 5, 0.5, 0.5) \to$
(13 ステップ)　$(5, 0, 0.5, 0) \to (5, 5, 0.5, 0) \to (10, 0, 0.5, 0) \to$
　　　　　　　$(10, 5, 0.5, 0) \to (12, 3, 0.5, 0) \to$
　　　　　　　$(10, 5, 5/12, 1/12) \to (12, 3, 0.45, 0.05)$
$f = 14\%$ ：　$(12, 3, 0.24, 0.36) \to (12, 0, 0.24, 0) \to$
(13 ステップ) $(7, 5, 0.14, 0.1)$
$f = 16\%$ ：　$(12, 3, 0.6, 0.4) \to (0, 3, 0, 0.4) \to$
(13 ステップ) $(12, 3, 0, 0.4) \to (10, 5, 0, 0.4) \to$
　　　　　　　$(12, 3, 0.16, 0.24)$
$f = 80\%$ ：　$(12, 3, 0, 0) \to (0, 3, 0, 0) \to (3, 0, 0, 0) \to$
(13 ステップ) $(3, 5, 0, 0) \to (8, 0, 0, 0) \to (8, 5, 0, 0) \to$
　　　　　　　$(8, 5, 0, 1) \to (12, 1, 0.8, 0.2)$

$f = 3\,\%$:　　$(12, 0, 0, 0) \to (12, 0, 1, 0) \to$
(15 ステップ)　$(7, 5, 7/12, 5/12) \to (7, 0, 7/12, 0) \to$
　　　　　　　$(2, 5, 1/6, 5/12) \to (2, 0, 1/6, 0) \to$
　　　　　　　$(0, 2, 0, 1/6) \to (12, 2, 0, 1/6) \to$
　　　　　　　$(9, 5, 0, 1/6) \to (12, 2, 0.1, 1/15) \to$
　　　　　　　$(0, 2, 0, 1/15) \to (12, 2, 0, 1/15) \to$
　　　　　　　$(9, 5, 0, 1/15) \to (12, 2, 0.04, 2/75) \to$
　　　　　　　$(9, 5, 0.03, 11/300)$

$f = 12\,\%$ および $18\,\%$:　$(12, 3, 0.7, 0.3) \to (0, 3, 0, 0.3) \to$
(15 ステップ)　　　　　　　$(12, 3, 0, 0.3) \to (10, 5, 0, 0.3) \to$
　　　　　　　　　　　　　$(12, 3, 0.12, 0.18)$

$f = 9\,\%$:　　$(12, 3, 0.85, 0.15) \to (0, 3, 0, 0.15) \to$
(15 ステップ)　$(12, 3, 0, 0.15) \to (10, 5, 0, 0.15) \to$
　　　　　　　$(12, 3, 0.06, 0.09)$

$f = 26\,\%$:　$(12, 2, 0.78, 0.22) \to (9, 5, 0.585, 0.415) \to$
(15 ステップ)　$(9, 0, 0.585, 0) \to (4, 5, 0.26, 0.325)$

$f = 29\,\%$:　$(12, 2, 0.87, 0.13) \to (9, 5, 261/400, 139/400) \to$
(15 ステップ)　$(9, 0, 261/400, 0) \to (4, 5, 0.29, 29/80)$

$f = 21\,\%$:　$(12, 3, 0.24, 0.36) \to (0, 3, 0, 0.36) \to$
(15 ステップ)　$(3, 0, 0.36, 0) \to (12, 0, 0.36, 0) \to$
　　　　　　　$(7, 5, 0.21, 0.15)$

$f = 42\,\%$:　$(10, 5, 0.2, 0.4) \to (12, 3, 0.36, 0.24) \to$
(15 ステップ)　$(10, 5, 0.3, 0.3) \to (12, 3, 0.42, 0.18)$

$f = 56\,\%$:　$(3, 0, 0.6, 0) \to (3, 5, 0.6, 0) \to (8, 0, 0.6, 0) \to$
(15 ステップ)　$(8, 5, 0.6, 0) \to (12, 1, 0.6, 0) \to$
　　　　　　　$(8, 5, 0.4, 0.2) \to (12, 1, 0.56, 0.04)$

$f = \mathbf{54}\,\%$: $(0, 3, 0, 0.6) \to (0, 5, 0, 0.6) \to (5, 0, 0.6, 0) \to$
(16 ステップ) $(5, 5, 0.6, 0) \to (10, 0, 0.6, 0) \to (10, 5, 0.6, 0) \to$
$(12, 3, 0.6, 0) \to (10, 5, 0.5, 0.1) \to$
$(12, 3, 0.54, 0.06)$

$f = \mathbf{2}\,\%$: $(12, 3, 0.45, 0.05) \to (0, 3, 0, 0.05) \to$
(17 ステップ) $(12, 3, 0, 0.05) \to (10, 5, 0, 0.05) \to$
$(12, 3, 0.02, 0.03)$

$f = \mathbf{7}\,\%$: $(12, 3, 0.04, 0.06) \to (10, 5, 1/30, 1/15) \to$
(17 ステップ) $(12, 3, 0.06, 0.04) \to (10, 5, 0.05, 0.05) \to$
$(12, 3, 0.07, 0.03)$

$f = \mathbf{8}\,\%$: $(12, 2, 0.6, 0.4) \to (0, 2, 0, 0.4) \to$
(17 ステップ) $(12, 2, 0, 0.4) \to (9, 5, 0, 0.4) \to$
$(12, 2, 0.24, 0.16) \to (9, 5, 0.18, 0.22) \to$
$(9, 0, 0.18, 0) \to (4, 5, 0.08, 0.1)$

$f = \mathbf{28}\,\%$: $(12, 3, 0.16, 0.24) \to (10, 5, 2/15, 4/15) \to$
(17 ステップ) $(12, 3, 0.24, 0.16) \to (10, 5, 0.2, 0.2) \to$
$(12, 3, 0.28, 0.12)$

$f = \mathbf{1}\,\%$: $(0, 3, 0, 0.1) \to (0, 5, 0, 0.1) \to (5, 0, 0.1, 0) \to$
(18 ステップ) $(5, 5, 0.1, 0) \to (10, 0, 0.1, 0) \to (10, 5, 0.1, 0) \to$
$(12, 3, 0.1, 0) \to (10, 5, 1/12, 1/60) \to$
$(12, 3, 0.09, 0.01)$

$f = \mathbf{11}\,\%$: $(12, 2, 0.78, 0.22) \to (0, 2, 0, 0.22) \to$
(18 ステップ) $(0, 5, 0, 0.22) \to (5, 0, 0.22, 0) \to$
$(5, 5, 0.22, 0) \to (10, 0, 0.22, 0) \to$
$(5, 5, 0.11, 0.11)$

$f = \mathbf{51}\,\%$: $(12, 3, 0.54, 0.06) \to (10, 5, 0.45, 0.15) \to$
(18 ステップ) $(12, 3, 0.51, 0.09)$

$f = 17\%$: $(10, 5, 0.2, 0.4) \to (10, 0, 0.2, 0) \to$
(19 ステップ) $(10, 5, 0.2, 0) \to (12, 3, 0.2, 0) \to$
$(10, 5, 1/6, 1/30) \to (12, 3, 0.18, 0.02) \to$
$(10, 5, 0.15, 0.05) \to (12, 3, 0.17, 0.03)$

$f = 27\%$: $(10, 5, 0.3, 0.3) \to (10, 0, 0.3, 0) \to$
(19 ステップ) $(10, 5, 0.3, 0) \to (12, 3, 0.3, 0) \to$
$(10, 5, 0.25, 0.05) \to (12, 3, 0.27, 0.03)$

$f = 64\%$: $(9, 5, 0, 0) \to (9, 0, 0, 0) \to (4, 5, 0, 0) \to$
(20 ステップ) $(4, 0, 0, 0) \to (0, 4, 0, 0) \to (12, 4, 0, 0) \to$
$(11, 5, 0, 0) \to (11, 5, 0, 1) \to (12, 4, 0.2, 0.8) \to$
$(0, 4, 0, 0.8) \to (12, 4, 0, 0.8) \to (11, 5, 0, 0.8) \to$
$(12, 4, 0.16, 0.64)$

$f = 34\%$: $(0, 3, 0, 0.4) \to (0, 5, 0, 0.4) \to (5, 0, 0.4, 0) \to$
(20 ステップ) $(5, 5, 0.4, 0) \to (10, 0, 0.4, 0) \to (10, 5, 0.4, 0) \to$
$(12, 3, 0.4, 0) \to (10, 5, 1/3, 1/15) \to$
$(12, 3, 0.36, 0.04) \to (10, 5, 0.3, 0.1) \to$
$(12, 3, 0.34, 0.06)$

$f = 31\%$: $(12, 3, 0.28, 0.12) \to (10, 5, 7/30, 1/6) \to$
(21 ステップ) $(12, 3, 0.3, 0.1) \to (10, 5, 0.25, 0.15) \to$
$(12, 3, 0.31, 0.09)$

$f = 33\%$: $(12, 3, 0.34, 0.06) \to (10, 5, 17/60, 7/60) \to$
(22 ステップ) $(12, 3, 0.33, 0.07)$

$f = \mathbf{32}\,\%$: $(9, 0, 0, 0) \to (9, 0, 1, 0) \to (4, 5, 4/9, 5/9) \to$
(24 ステップ) $(4, 0, 4/9, 0) \to (0, 4, 0, 4/9) \to$
$(12, 4, 0, 4/9) \to (11, 5, 0, 4/9) \to$
$(12, 4, 4/45, 16/45) \to (0, 4, 0, 16/45) \to$
$(4, 0, 16/45, 0) \to (4, 5, 16/45, 0) \to$
$(9, 0, 16/45, 0) \to (9, 5, 16/45, 0) \to$
$(12, 2, 16/45, 0) \to (9, 5, 4/15, 4/45) \to$
$(12, 2, 0.32, 8/225)$

$f = \mathbf{72}\,\%$: $(0, 4, 0, 0.8) \to (4, 0, 0.8, 0) \to (4, 5, 0.8, 0) \to$
(24 ステップ) $(9, 0, 0.8, 0) \to (9, 5, 0.8, 0) \to (12, 2, 0.8, 0) \to$
$(9, 5, 0.6, 0.2) \to (12, 2, 0.72, 0.08)$

$f = \mathbf{49}\,\%$: $(12, 4, 0.2, 0.8) \to (11, 5, 11/60, 49/60) \to$
(25 ステップ) $(12, 4, 26/75, 49/75) \to (0, 4, 0, 49/75) \to$
$(4, 0, 49/75, 0) \to (4, 5, 49/75, 0) \to$
$(9, 0, 49/75, 0) \to (9, 5, 49/75, 0) \to$
$(12, 2, 49/75, 0) \to (9, 5, 0.49, 49/300)$

$f = \mathbf{48}\,\%$: $(0, 4, 0, 0.64) \to (4, 0, 0.64, 0) \to$
(27 ステップ) $(4, 5, 0.64, 0) \to (9, 0, 0.64, 0) \to$
$(9, 5, 0.64, 0) \to (12, 2, 0.64, 0) \to$
$(9, 5, 0.48, 0.16)$

$f = \mathbf{68}\,\%$: $(0, 4, 0, 0.8) \to (0, 5, 0, 0.8) \to (5, 5, 0.8, 0) \to$
(27 ステップ) $(10, 0, 0.8, 0) \to (10, 5, 0.8, 0) \to$
$(12, 3, 0.8, 0) \to (10, 5, 2/3, 2/15) \to$
$(12, 3, 0.72, 0.08) \to (10, 5, 0.6, 0.2) \to$
$(12, 3, 0.68, 0.12)$

解　答　**131**

第7章　物理のパズル

48　ボート遊びでの驚き

岩は，船に乗せてあっても自然に浮くものであっても，プールの水位を上昇させはしない．

49　釣り合い問題

それぞれの解は，次表のとおり．

	A	B	C	D	E	F
(a)	14	4	105	63	1	-
(b)	2	3	40	20	70	15
(c)	35	30	520	528	792	3
(d)	22	77	18	15	72	27
(e)	25	30	119	136	4	1
(f)	30	5	70	7	3	24
(g)	35	42	33	118	188	189
(h)	5	6	22	33	14	8
(i)	40	48	22	77	36	63
(j)	12	16	29	30	25	-
(k)	11	1	46	92	91	51
(l)	71	1	21	3	785	559
(m)	17	3	1	9	234	114
(n)	35	9	38	2	8	20

50　吊るされた棒

(a) $AB = a, BC = b, CD = c, AD = d$ として，一般化する．

水平方向の距離から，(1) $d - a\cos A + b\cos(A+B) = c\cos D$ である．

鉛直方向の距離から，(2) $b\cos(A+B) - a\cos A = c\sin D$ で

ある.

天井からMまでの距離は,$MN=h=a\sin A-(b/2)\sin(A+B)$である.

エネルギーが最小となる場所であることから,hは最大化される.すなわち,$\partial h/\partial A=0$である.(1)と(2)の$\partial/\partial A$をとり,$\partial D/\partial A$を消去すると,$1+\partial B/\partial A=a\sin(A+D)/(b\sin(A+B+D))$および$2\cos A\sin(A+B+D)=\cos(A+B)\sin(A+D)$が得られる.

この等式を変形し,$C=2\pi-A-B-D$を用いると,$\cos A\sin C=\sin B\cos D$となる.

三角形BMPに対して正弦定理を使うと,$MP=b\sin B/(2\cos A)$が得られる.

三角形CMPに対して正弦定理を使うと,$MP=b\sin C/(2\cos D)$が得られる.

この二つが等しいとすると,NMの延長が点Pを通る条件として$\cos A\sin C=\sin B\cos D$が得られ,これが証明すべき式であった.

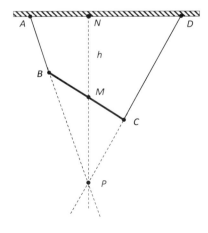

(b) 等式 (1) と (2) を変形すると，

$$\frac{a^2+b^2+d^2-c^2}{2abd} - \frac{\cos A}{b} = \frac{\sin A \sin B}{a} - \left(\frac{\cos A}{a} - \frac{1}{d}\right)\cos B$$

が得られる．これを数値計算によって解くと，$(A, B, C, D) =$ $(72.496999°, 140.300406°, 85.1835968°, 62.0189978°)$ になる．

51 倒れる梯子

(a) 学生 A の実験では，梯子の角度 θ と C の座標を時刻の関数と考える．梯子の質量を m として，梯子の長さを L とすると，C の周りの慣性モーメントは $I = mL^2/12$ になる．また，$C_x = (L/2)\cos\theta$, $C_y = (L/2)\sin\theta$ である．$\omega = d\theta/dt$, $v_qx = dC_x/dt$ および $v_y = dC_y/dt$ とする．梯子には水平の力は加わっていないので，$v_x = 0$ である．エネルギー保存則によって，$mgL\sin\theta_0 = mgL\sin\theta + mv_y^2 + I\omega^2$ でなければならない．これから，$\omega = -(4g/L)^{1/2}(\sin\theta_0 - \sin\theta)^{1/2}(1/3 + \cos 2\theta)^{-1/2}$ が得られる．$1/\omega$ を θ について θ_0 から 0 まで積分すると，梯子が床にぶつかる時刻が得られる．試験質量が床にぶつかる時刻は $T = (2L\sin\theta_0/g)^{1/2}$ である．前述の積分の値が T になるまで，さまざまな θ_0 の値に対して数値計算で解かなければならない．試験質量と同時に梯子が床にぶつかるような θ_0 の値は $\theta_0 = 70.8415°$ である．

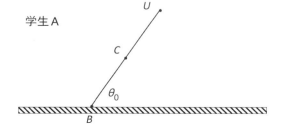

134 解　答

(b) 学生 B や学生 C の実験においても，学生 A の実験と同じ表記を用いる．それぞれの場合，エネルギー保存則によって，$mgL\sin\theta_0 = mgL\sin\theta + m(v_x^2 + v_y^2) + I\omega^2$ でなければならない．これから，$\omega = -(3g/L)^{1/2}(\sin\theta_0 - \sin\theta)^{1/2}$ が得られる．$1/\omega$ を θ について θ_0 から 0 まで積分すると，梯子が床にぶつかる時刻が得られる．この積分は両方の実験で同じなので，学生 B と学生 C の実験の θ_0 の値も同じでなければならない．今度も，この積分を数値計算で解かなければならない．試験質量と同時に梯子が床にぶつかるような θ_0 の値は $\theta_0 = 47.9066°$ である．

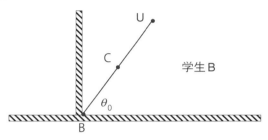

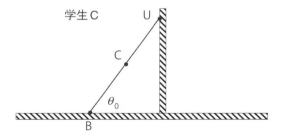

解 答　**135**

第8章　台形のパズル

52　最小の整辺等脚台形

(a)　最小の整辺等脚台形は $(r, b, a, c) = (1, 2, 1, 1)$ である.

(b)　その次に小さい整辺等脚台形は $(r, b, a, c) = (13, 23, 1, 13)$ または $(13, 23, 1, 22)$ である.

(c)　$b = 2r$ であるような次に小さい整辺等脚台形は $(r, b, a, c) = (25, 50, 1, 35)$ である.

(d)　次のような系列が条件を満たす整辺等脚台形を無限に作りだす.

$$r_{2n-1} = \frac{1}{8}\left[(3+2\sqrt{2})^{2n-1} + (3-2\sqrt{2})^{2n-1} + 2\right]$$
$$c_{2n-1} = \frac{1}{4\sqrt{2}}\left[(3+2\sqrt{2})^{2n-1} - (3-2\sqrt{2})^{2n-1} + 2\right]$$

その始めのいくつかの項は, $(r, a, b, c) = (1, 2, 1, 1), (25, 50, 1, 35),$ $(841, 1{,}682, 1, 1{,}189), (28{,}561, 57{,}122, 1, 40{,}391), \ldots$ である.

53　最小の半径の円

(a)　$(r, b, a, c) = (1{,}012, 2{,}008, 1, 1{,}338)$ または $(1{,}012, 2{,}008, 1, 1{,}518)$.

(b)　$(r, b, a, c) = (27{,}612, 51{,}128, 1, 30{,}798)$ または $(27{,}612, 51{,}128, 1, 45{,}838)$.

54　素数整辺等脚台形

(a)　$(r, b, a, c) = (7, 13, 2, 11)$ または $(7, 13, 11, 2)$ である.

(b)　知られている解はない.

(c)　$(r, b, a, c) = (7, 13, 2, 7), (7, 13, 11, 7), (13, 23, 1, 13), (19, 37, 11, 19)$ など多くの解がある.

(d)　知られている解はないが, $r < 20{,}000$ の範囲では一つも見つけられなかった.

55 ぺしゃんこ整辺等脚台形

(a) $(r, b, a, c) = (13, 23, 2, 1)$.

(b) 次のような系列が条件を満たす整辺等脚台形を無限に作りだす.

$$r_n = \frac{1}{4\sqrt{3}} \left[(3 + 2\sqrt{3})(7 + 4\sqrt{3})^n - (3 - 2\sqrt{3})(7 - 4\sqrt{3})^n \right]$$
$$a_n = \frac{1}{4} \left[(3 + 2\sqrt{3})(7 + 4\sqrt{3})^n + (3 - 2\sqrt{3})(7 - 4\sqrt{3})^n - 2 \right]$$
$$b_n = a_n + 1$$

その始めのいくつかの項は $(r, b, a, c) = (13, 24, 23, 1)$, $(181, 314, 313, 1)$, $(2{,}521, 4{,}367, 4{,}366, 1)$, ... である.

56 とんがり整辺等脚台形

(a) $(r, b, a, c) = (512, 141, 64, 1{,}016)$ では, $c/b = 7.2$ になる.

(b) $(r, b, a, c) = (3{,}523, 698, 157, 7{,}033)$ では, $c/b = 10.08$ になる.

(c) 任意の正整数 n に対して, $r_n = n^3$, $b_n = 3n^2 - 1$, $a_n = n^2$, $c_n = 2n^3 - n$ とすればよい. n が大きくなるに従って, c_n/b_n は $2n/3$ に近づく.

57 ほぼ正方形の整辺等脚台形

(a) $(r, b, a, c, q) = (106, 149, 131, 159, 28/149 = 0.1879\ldots)$ および $(r, b, a, c, q) = (125, 182, 175, 175, 1/13 = 0.0769\ldots)$ の二つは, そのような最小の整辺等脚台形である.

(b) このような系列は, 次に示すようにいくつかある. $x_n^2 - 2y_n^2 = 1$ を考えると,

$$x_n = \frac{1}{2} \left[(3 + 2\sqrt{2})^n + (3 - 2\sqrt{2})^n \right]$$
$$y_n = \frac{1}{2\sqrt{2}} \left[(3 + 2\sqrt{2})^n - (3 - 2\sqrt{2})^n \right]$$

が得られる．このとき，$r_n = y_n^3$, $b_n = x_n y_n^2$, $a_n = x_n(y_n^2 - 1)$, $c_n = b_n$ から $q_n = 1/y_n^2$ となる．また，$r'_n = x_n^3$, $b'_n = 2y_n(x_n^2 + 2)$, $a'_n = 2y_n x_n^2$, $c'_n = a'_n$ から $q'_n = 4/(x_n^2 + 2)$ となる．

つぎに $x_n^2 - 2y_n^2 = -1$ を考えると，

$$x_n = \frac{1}{2}\left[(1+\sqrt{2})^n + (1-\sqrt{2})^n\right]$$
$$y_n = \frac{1}{2\sqrt{2}}\left[(1+\sqrt{2})^n - (1-\sqrt{2})^n\right]$$

が得られる．このとき，$r_n = y_n^3$, $b_n = x_n(y_n^2+1)$, $a_n = x_n y_n^2$, $c_n = a_n$ から $q_n = 2/(y_n^2+1)$ となる．また，$r'_n = x_n^3$, $b'_n = 2y_n x_n^2$, $a'_n = 2y_n(x_n^2-2)$, $c'_n = b'_n$ から $q'_n = 2/x_n^2$ となる．

58 高さが整数の整辺等脚台形

次の図に示した4通りの場合 $(r,b,a,c) = (65, 126, 66, 50)$, $(65, 126, 66, 78)$, $(65, 112, 32, 50)$, $(65, 112, 32, 104)$ は，すべて最小の $r = 65$ になる．

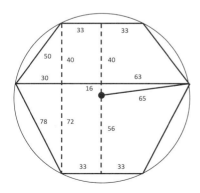
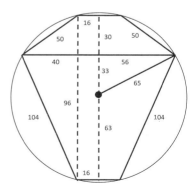

59 正方形に内接する最小の整辺等脚台形

(a) A型：$(a,b,c,s) = (1,2,1,2)$ または $(1,2,2,2)$

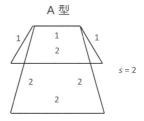

(b) B型：$(a,b,c,s) = (1,11,13,12)$ または $(2,12,13,12)$. C型：$(a,b,c,s) = (4,10,5,8)$. D型：$(a,b,c,s) = (7,13,17,16)$.

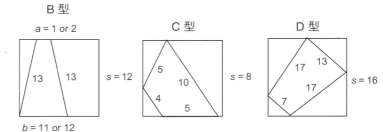

(c) A型：$(a,b,c,s) = (1,11,12,11)$.

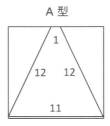

(d)　A型：$(a,b,c,s) = (1, 36, 40, 36)$.

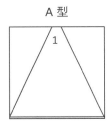

A 型

60　a と s が等しい整辺等脚台形

(a)　C型：$(a,b,c,s) = (24, 30, 5, 24)$.

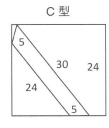

C 型

(b)　任意の $k > 1$ に対する系列 $a_k = s_k = 4k(4k^2 - 1)$, $b_k = 4k(4k^2 + 1)$, $c_k = 4k^2 + 1$ は，条件を満たす．条件を満たす別の系列として，$k > 1$ に対する $a_k = s_k = (2k+1)(4k^2 + 4k - 3)$, $b_k = (2k+1)(4k^2 + 4k + 5)$, $c_k = 4k^2 + 4k + 5$ がある．

61 a と c が等しい整辺等脚台形

(a) C型：$(a, b, c, s) = (25, 55, 25, 44)$.

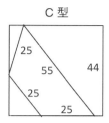

C型

(b) 互いに素で偶奇の異なる任意の正整数 $m > n$ に対して，$a = c = (m^2 + n^2)^2$ とし，b および s を次のように定めると条件を満たす．

- $m^2 - n^2 < 2mn$ ならば，$b = (m^2 + n^2)(3m^2 - n^2)$, $s = 2mn(3m^2 - n^2)$.
- $m^2 - n^2 > 2mn$ ならば，$b = (m^2 + n^2)(m^2 + 4mn + n^2)$, $s = (m^2 - n^2)(m^2 + 4mn + n^2)$.

62 x と u が等しい整辺等脚台形

(a) C型：$(a, b, c, s) = (7, 25, 15, 20)$.

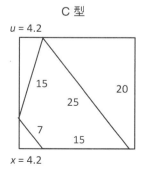

C型

(b) 互いに素で偶奇の異なる任意の正整数 $m > n$ に対して，A を $m^2 - n^2$ と $2mn$ の小さい方，B を $m^2 - n^2$ と $2mn$ の大きい方，C を $m^2 + n^2$ とするとき，$a = C^2 - 2A^2$, $b = C^2$, $c = AC$, $s = BC$, $x = u = AC - 2A^3/C$ は条件を満たす．

63 b/s が 1.4 より大きい整辺等脚台形

(a) (b) に示した C 型の系列の $k = 3$ の場合，$(a_k, b_k, c_k, s_k) = (17, 2{,}873, 2{,}028, 2{,}040)$ であり，$b_k/s_k = 1.408333\ldots$ になる．

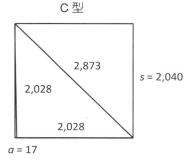

C 型

(b) k が偶数の場合：

$$a_k = \frac{1}{\sqrt{2}}\left[(\sqrt{2}+1)^{k+1} + (\sqrt{2}-1)^{k+1}\right]$$

$$b_k = \frac{1}{4}\left[(\sqrt{2}+1)^{3k+2} + (\sqrt{2}+1)^{k} + (\sqrt{2}-1)^{k} + (\sqrt{2}-1)^{3k+2}\right]$$

$$c_k = \frac{1}{4\sqrt{2}}\left[(\sqrt{2}+1)^{3k+2} - (\sqrt{2}+1)^{k} + (\sqrt{2}-1)^{k} - (\sqrt{2}-1)^{3k+2}\right]$$

$$s_k = \frac{1}{4\sqrt{2}}\left[(\sqrt{2}+1)^{3k+2} + (\sqrt{2}+1)^{k+2} - (\sqrt{2}-1)^{k+2} - (\sqrt{2}-1)^{3k+2}\right]$$

k が奇数の場合:

$$a_k = \frac{1}{2}\left[(\sqrt{2}+1)^{k+1} + (\sqrt{2}-1)^{k+1}\right]$$

$$b_k = \frac{1}{4\sqrt{2}}\Big[(\sqrt{2}+1)^{3k+2} + (\sqrt{2}+1)^k + (\sqrt{2}-1)^k \\ + (\sqrt{2}-1)^{3k+2}\Big]$$

$$c_k = \frac{1}{8}\Big[(\sqrt{2}+1)^{3k+2} - (\sqrt{2}+1)^k + (\sqrt{2}-1)^k \\ - (\sqrt{2}-1)^{3k+2}\Big]$$

$$s_k = \frac{1}{8}\Big[(\sqrt{2}+1)^{3k+2} + (\sqrt{2}+1)^{k+2} - (\sqrt{2}-1)^{k+2} \\ - (\sqrt{2}-1)^{3k+2}\Big]$$

(c) (d) に示した D 型の系列の $k=3$ の場合,$(a_k, b_k, c_k, s_k) = (71, 16{,}969, 11{,}999, 12{,}049)$ であり,$b_k/s_k = 1.4083326\ldots$ になる.

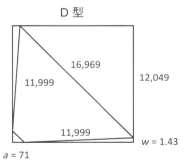

(d) 任意の $k > 1$ に対して,

$$a_k = \frac{1}{2\sqrt{2}}\left[(\sqrt{2}+1)^{2k} - (\sqrt{2}-1)^{2k} + 2\sqrt{2}\right]$$

$$b_k = \frac{1}{4\sqrt{2}}\Big[(\sqrt{2}+1)^{4k+1} + (\sqrt{2}-1)^{4k+1} \\ + 2\sqrt{2}(\sqrt{2}+1)^{2k+1} - 2\sqrt{2}(\sqrt{2}-1)^{2k+1} - 2\sqrt{2}\Big]$$

$$c_k = \frac{1}{8}\Big[(\sqrt{2}+1)^{4k+1} - (\sqrt{2}-1)^{4k+1} + 2\sqrt{2}(\sqrt{2}+1)^{2k+1}$$
$$+ 2\sqrt{2}(\sqrt{2}-1)^{2k+1} - 2\Big]$$
$$s_k = \frac{1}{8}\Big[(\sqrt{2}+1)^{4k+1} - (\sqrt{2}-1)^{4k+1}$$
$$+ (4\sqrt{2}-2)(\sqrt{2}+1)^{2k+1} + (4\sqrt{2}+2)(\sqrt{2}-1)^{2k+1} + 2\Big]$$

64 b/s がそれぞれ 0.8, 0.75, 0.71 より小さい整辺等脚台形

任意の整数 $k > 2$ に対して,$a_k = 2k^2 - 4k + 1$,$b_k = 2k^2 - 1$,$c_k = 2k^2 - 2k + 1$,$s_k = \lfloor 2\sqrt{2}k(k-1) \rfloor$ は D 型になる.この系列は,k が大きくなるに従って,b_k/s_k は減少して $1/\sqrt{2}$ に近づく.

(a) $k = 9$ の場合,$(a_k, b_k, c_k, s_k) = (127, 161, 145, 203)$ であり,$b_k/s_k = 0.7931034\ldots$ になる.

(b) $k = 18$ の場合,$(a_k, b_k, c_k, s_k) = (577, 647, 613, 865)$ であり,$b_k/s_k = 0.7479768\ldots$ になる.

(c) $k = 246$ の場合,$(a_k, b_k, c_k, s_k) = (120{,}049, 121{,}031, 120{,}541, 170{,}469)$ であり,$b_k/s_k = 0.7099883\ldots$ になる.

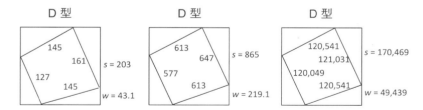

65 被覆率最小の整辺等脚台形

(a) (b) に示した D 型の系列の $k = 4$ の場合,$(a_k, b_k, c_k, s_k) = (409, 569{,}737, 402{,}845, 403{,}154)$ であり,台形の面積$/s^2 = 0.500000255\ldots$ になる.

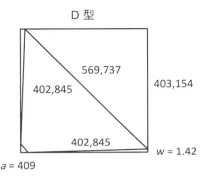

(b) 任意の $k > 1$ に対して次の式で与えられる D 型の系列から，正方形を覆う台形の割合がどんどん小さくなる解が得られる．

$$a_k = \frac{1}{2\sqrt{2}}\left[(\sqrt{2}+1)^{2k} - (\sqrt{2}-1)^{2k} + 2\sqrt{2}\right]$$

$$b_k = \frac{1}{4\sqrt{2}}\left[(\sqrt{2}+1)^{4k+1} + (\sqrt{2}-1)^{4k+1} + 2\sqrt{2}(\sqrt{2}+1)^{2k+1}\right.$$
$$\left. - 2\sqrt{2}(\sqrt{2}-1)^{2k+1} - 2\sqrt{2}\right]$$

$$c_k = \frac{1}{8}\left[(\sqrt{2}+1)^{4k+1} - (\sqrt{2}-1)^{4k+1} + 2\sqrt{2}(\sqrt{2}+1)^{2k+1}\right.$$
$$\left. + 2\sqrt{2}(\sqrt{2}-1)^{2k+1} - 2\right]$$

$$s_k = \frac{1}{8}\left[(\sqrt{2}+1)^{4k+1} - (\sqrt{2}-1)^{4k+1}\right.$$
$$\left. + (4\sqrt{2}-2)(\sqrt{2}+1)^{2k+1} + (4\sqrt{2}+2)(\sqrt{2}-1)^{2k+1} + 2\right]$$

66 最大の正方形

すべての D 型の解は，図に示したようなピタゴラスの三角形の組み合わせから生成することができる．

$s = (a+e)\sin\theta + h\cos\theta = (a+e)\cos\theta + h\sin\theta$ から，$a = h - e$ および $b = h + e$ が導かれる．したがって，互いに素で偶奇の異なる任意の正整数 $m > n$ と任意の正整数 K に対して，$h = $

$\max{(K(m^2-n^2), 2Kmn)}, e = \min{(K(m^2-n^2), 2Kmn)}$ とする と，$a = h - e = K|m^2 - n^2 - 2mn|$, $b = h + e = K(m^2 - n^2 + 2mn)$, $c = \sqrt{e^2 + h^2} = K(m^2 + n^2)$ は $s_{min} = \lfloor h(h+e)/c + 1 \rfloor$ から $s_{max} = \lfloor \sqrt{2}h \rfloor$ までの任意の s に対して解を与える．下記の結果から，D型の整辺等脚台形に外接することのできない最大の整数辺の正方形は $s = 95$ であることが分かる．

- $(m, n) = (7, 6)$ は，s が 96 から 118 までの解を与える．
- $(m, n) = (10, 1)$ は，s が 117 から 140 までの解を与える．
- $(m, n) = (8, 7)$ は，s が 126 から 158 までの解を与える．
- $(m, n) = (11, 2)$ は，s が 151 から 165 までの解を与える．
- $(m, n) = (9, 8)$ は，s が 160 から 203 までの解を与える．
- すべての $m > 9$ に対して，$(m, n) = (m, m-1)$ は，s が 198 から ∞ までの解を与える．
- $K = 1$ であるようなすべての場合を調べると，$s = 5, 19, 95$ になることはない．

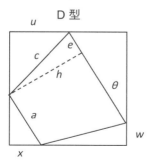

67 複数解

D型の整辺等脚台形 $(a, b, c) = (7, 31, 25)$ は，$s = 30, 31, 32, 33$ の正方形に内接する．

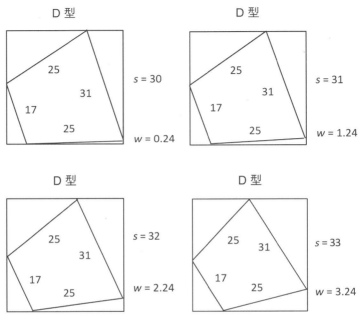

68 最小の正方形

(a) 図に示したような A 型の整辺等脚台形 $(a,b,c,s) = (1,2,1,2)$ および $(1,2,2,2)$ の内接する正方形が最小である.

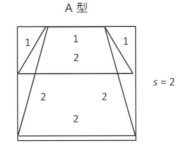

(b) 図に示すように, $s=8$ の正方形に対して, 44 種類の A 型の整

辺等脚台形と1種類のC型の整辺等脚台形が内接する．44種類のA型の整辺等脚台形は，aが1から7までの値をとり，選んだaに対してkを許される最小のcとするとき，cはkから8までの値をとる．

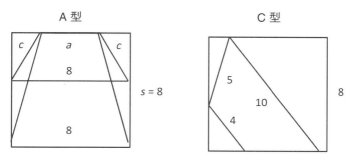

(c) 図に示したようなA型の整辺等脚台形は，$(b-a)/a = 0.01$ である．

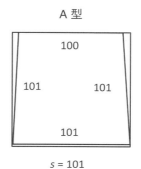

(d) D型：$(a, b, c, s) = (81,205,\ 81,607,\ 81,205,\ 81,606)$. $(b-a)/a = 0.0099751\ldots$.

(e) 任意の$k > 3$に対して得られる系列

$$a_k = 2k^2 - 4k + 1$$

$$b_k = 2k^2 - 1$$
$$c_k = 2k^2 - 2k + 1$$
$$s_k = 2k^2 - 2$$

は，D 型の整辺等脚台形の解を作りだし，その $(b-a)/a$ の値は，$(b_k - a_k)/a_k = 2/k + (3k-1)/(2k^3 - 4k^2 + k)$ となり，どんどん小さくなる．

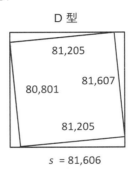

D 型

$s = 81{,}606$

(f) C 型：$(a, b, c, s) = (14, 20, 5, 16)$, $(a, b, c, s) = (8, 20, 10, 16)$.
　　D 型：$(a, b, c, s) = (8, 17, 13, 16)$.

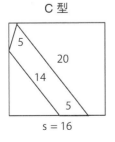 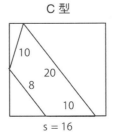 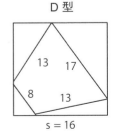

(g) D 型：$(a, b, c, s) = (17, 31, 25, 31)$.
(h) D 型：$(a, b, c, s) = (73, 161, 125, 161)$, $(a, b, c, s) = (127, 161, 145, 1$

解　答　**149**

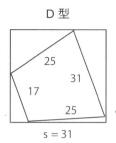
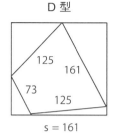
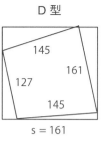

(i)　D型：$(a,b,c,s) = (7, 23, 17, 21)$, D型：$(a,b,c,s) = (17, 31, 25, 31)$.

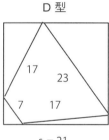
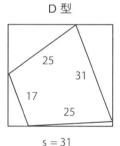

第9章　砂漠のジープ隊

69　1台のジープによる片道旅行

(a)　最大距離は $4/3$ である．

- P_1 ($x = 1/3$) に行き，$1/3$ 単位の燃料をそこに残して，再給油のために A に戻る．
- P_1 に行き，満タンにしたら B ($x = 4/3$) に行く．

(b)　最大距離は 1.3 である．

- P_1 ($x = 0.3$) に行き，0.3 単位の燃料をそこに残して再給油

のために A に戻る.
- P_1 に行き,満タンにしたら $B\,(x=1.3)$ に行く.

(c) 1.99 単位の燃料が必要である.
- $P_1\,(x=0.33)$ に行き,0.33 単位の燃料をそこに残して再給油のために A に戻る.
- P_1 に行き,満タンにしたら $B\,(x=1.33)$ に行く.

(d) 最大距離は 23/15 である.
- $P_1\,(x=0.2)$ に行き,0.6 単位の燃料をそこに残して再給油のために A に戻る.
- P_1 に行って満タンにしたら(0.4 単位の燃料が P_1 に残る),$P_2\,(x=1/5+1/3=8/15)$ に行き,$1/3$ 単位の燃料を P_2 に残して A に戻る(途中,P_1 で 0.2 単位を給油し,0.2 単位の燃料が P_1 に残る).
- A で再給油したら,P_1 に行って満タンにし,P_2 に行って満タンにし,$B\,(x=23/15)$ に行く.

(e) 最大距離は 43/30 である.
- $P_1\,(x=0.1)$ に行き,0.3 単位の燃料をそこに残して,再給油のために A に戻る.
- P_1 に行って満タンにしたら(0.2 単位の燃料が P_1 に残る),$P_2\,(x=0.1+1/3=13/30)$ に行って,$1/3$ 単位の燃料を P_2 に残して A に戻る(途中,P_1 で 0.1 単位を給油し,0.1 単位の燃料が P_1 に残る).
- A で再給油したら,P_1 に行って満タンにし,P_2 に行って満タンにし,$B\,(x=43/30)$ に行く.

(f) 17/6 単位の燃料が必要である.
- $P_1\,(x=1/6)$ に行き,0.5 単位の燃料をそこに残して,再

給油のために A に戻る．

- P_1 に行って満タンにしたら（1/3 単位の燃料が P_1 に残る），P_2 ($x = 1/6 + 1/3 = 0.5$) に行って，1/3 単位の燃料を P_2 に残して A に戻る（途中，P_1 で 1/6 単位を給油し，1/6 単位の燃料が P_1 に残る）．
- A で再給油したら，P_1 に行って満タンにし，P_2 に行って満タンにし，B ($x = 1.5$) に行く．

(g) $7 + 2{,}021/3{,}003$ 単位の燃料が必要である．これは，B ($x = 2$) から逆算していくやり方をうまく例示している．これには 7 か所に燃料を置いておく必要がある．

- B に到達するには，1 単位の燃料とジープが P_7 ($x = 1$) に必要である．
- P_7 に 1 単位の燃料を運ぶには，2 単位の燃料とジープが P_6 ($x = 1 - 1/3$) に必要である．
- P_6 に 2 単位の燃料を運ぶには，3 単位の燃料とジープが P_5 ($x = 1 - 1/3 - 1/5$) に必要である．
- これを続けると，7 単位の燃料とジープが P_1 ($x = 1 - 1/3 - 1/5 - 1/7 - 1/9 - 1/11 - 1/13 = 2{,}021/45{,}045$) に必要である．これを達成するためには，$A$ から P_1 まで 7 往復し（それぞれ $41{,}003/45{,}045$ 単位の燃料を運ぶ），最後に A で $2{,}021/3{,}003$ 単位を給油して P_1 に行く．

70　1 台のジープによる往復旅行

(a) 最大距離は 3/4 である．

- P_1 ($x = 1/4$) に行き，1/3 単位の燃料をそこに残し，再給油のために A に戻る．
- P_1 に行って満タンにしたら（1/4 単位の燃料が P_1 に残る），B ($x = 3/4$) に行って A に戻る（途中，P_1 で給油する）．

152 解　答

(b) 最大距離は $29/40$ である．

- P_1 $(x = 9/40)$ に行き，$9/20$ 単位の燃料をそこに残して再給油のために A に戻る．
- P_1 に行って満タンにしたら（$9/40$ 単位の燃料が P_1 に残る），B $(x = 29/40)$ に行って A に戻る（途中，P_1 で給油する）．

(c) 1.8 単位の燃料が必要である．

- P_1 $(x = 0.2)$ に行き，0.4 単位の燃料をそこに残して再給油のために A に戻る．
- P_1 に行って満タンにしたら（0.2 単位の燃料が P_1 に残る），B $(x = 0.7)$ に行って A に戻る（途中，P_1 で給油する）．

(d) 最大距離は $5/6$ である．

- P_1 $(x = 1/12)$ に行き，$1/3$ 単位の燃料をそこに残して再給油のために A に戻る．
- P_1 に行き，さらに $5/6$ 単位の燃料を P_1 に残すと，合計で $7/6$ が P_1 にあり，再給油のために A に戻る．
- P_1 に行って満タンにしたら（$13/12$ 単位の燃料が P_1 に残る），P_2 $(x = 1/12 + 1/4)$ に行き，$1/2$ 単位の燃料をそこに残して P_1 に戻る．
- P_1 で満タンにしたら（$1/12$ 単位の燃料が P_1 に残る），P_2 で満タンにし（$1/4$ 単位の燃料が P_2 に残る），B $(x = 1/12 + 1/4 + 1/2 = 5/6)$ に行って A に戻る（途中，P_2 と P_1 で給油する）．

(e) $11/3$ 単位の燃料が必要である．これは，B $(x = 1)$ から逆算していくやり方をうまく例示している．これには 3 か所（$x = 1/12,\ 1/12 + 1/6,\ 1/12 + 1/6 + 1/4$）に燃料を置いておく必要がある．

- B に到達するには, 5/4 単位の燃料とジープが P_3 ($x = 1/2$) に必要である.
- P_3 に 5/4 単位の燃料を運ぶには, 13/6 単位の燃料とジープが P_2 ($x = 1/2 - 1/4 = 1/4$) に必要である.
- P_2 に 13/6 単位の燃料を運ぶには, 37/12 単位の燃料とジープが P_1 ($x = 1/2 - 1/4 - 1/6 = 1/12$) に必要である.
- P_1 に 37/12 単位の燃料を運ぶには, A から P_1 までを 3 往復し (それぞれ 5/6 単位の燃料を運ぶ), 最後に A で 2/3 単位を給油して P_1 に行く.

必要な燃料の合計は $37/12 + 7/12 = 11/3$ である.

(f) $10 + 1{,}969/2{,}520$ 単位の燃料が必要である. これは, $B(x = 3/2)$ から逆算していくやり方をうまく例示している. これには, P_{10} ($x = 1$), P_9 ($x = 1 - 1/4$), P_8 ($x = 1 - 1/4 - 1/6$) のように続けて, P_1 ($x = 1 - 1/4 - 1/6 - 1/8 - 1/10 - \cdots - 1/20 = 179/5{,}040$) までの 10 か所に燃料を置いておく必要がある.

- B に到達するには, $1 + 1/4$ 単位の燃料とジープが P_{10} ($x = 1/2$) に必要である.
- P_{10} に $1 + 1/4$ 単位の燃料を運ぶには, $2 + 1/6$ 単位の燃料とジープが P_9 ($x = 1/2 - 1/4 = 1/4$) に必要である. これを続けると, P_1 に $10 + 179/5{,}040$ 単位の燃料とジープが必要になる.
- この燃料を P_1 に運ぶには, A から P_1 までを 10 往復し (それぞれ $2{,}341/2{,}520$ 単位の燃料を運ぶ), 最後に A で $3{,}938/5{,}040$ 単位を給油して P_1 に行く.

必要な燃料の合計は $10 + 179/5{,}040 + 21 \times 179/5{,}040 = 10 + 1{,}969/2{,}520$ である.

154 解 答

71 2台のジープによる1台の片道旅行

(a) 最大距離は4/3である．

- ジープ1は，P_1 ($x = 1/3$) に行き，そこに留まる．
- ジープ2は，AからP_1に行き，そこでジープ1を満タンにしたらAに戻る．
- ジープ1は，B ($x = 4/3$) に行く．

(b) 最大距離は25/18である．

- ジープ1は，P_1 ($x = 1/6$) に行き，そこに留まる．
- ジープ2は，AからP_1に行き，そこでジープ1を満タンにしたらAに戻る[訳注2]．
- ジープ1は，P_2 ($x = 1/6 + 2/9 = 7/18$) に行く．
- ジープ2は，AからP_2に行き，そこでジープ1を満タンにしたらAに戻る．
- ジープ1は，B ($x = 25/18$) に行く．

(c) 3単位の燃料が必要である．

- ジープ1は，P_1 ($x = 1/3$) に行き，そこに留まる．
- ジープ2は，AからP_1に行き，そこでジープ1を満タンにしたらAに戻る．
- ジープ1は，P_2 ($x = 1/3 + 1/9 = 4/9$) に行く．
- ジープ2は，AからP_2に行き，そこでジープ1を満タンにしたらAに戻る．
- ジープ1は，B ($x = 13/9$) に行く．

(d) 3.69単位の燃料が必要である．

[訳注2] ジープがA地点に戻ったのち，次に出発する前に給油をするが，このことは明記しない．以降の問題でも同様である．

解答　155

- ジープ1は，P_1 ($x = 0.23$) に行き，そこに留まる．
- ジープ2は，A から P_1 に行き，そこでジープ1を満タンにしたら A に戻る．
- ジープ1は，P_2 ($x = 0.41$) に行く．
- ジープ2は，A から P_2 に行き，そこでジープ1を満タンにしたら A に戻る．
- ジープ1は，P_3 ($x = 0.47$) に行く．
- ジープ2は，A から P_3 に行き，そこでジープ1を満タンにしたら A に戻る．
- ジープ1は，B ($x = 1.47$) に行く．

(e) 4.609単位の燃料が必要である．

- ジープ1は，P_1 ($x = 0.203$) に行き，そこに留まる．
- ジープ2は，A から P_1 に行き，そこでジープ1を満タンにしたら A に戻る．
- ジープ1は，P_2 ($x = 0.401$) に行く．
- ジープ2は，A から P_2 に行き，そこでジープ1を満タンにしたら A に戻る．
- ジープ1は，P_3 ($x = 0.467$) に行く．
- ジープ2は，A から P_3 に行き，そこでジープ1を満タンにしたら A に戻る．
- ジープ1は，P_4 ($x = 0.489$) に行く．
- ジープ2は，A から P_4 に行き，そこでジープ1を満タンにしたら A に戻る．
- ジープ1は，B ($x = 1.489$) に行く．

必要となる燃料は 4.609 単位である．

72　2台のジープによる2台の片道旅行

(a) 最大距離は 7/6 である．

- ジープ1は, P_1 ($x = 1/3$) に行き, そこに留まる.
- ジープ2は, A から P_1 に行き, そこでジープ1を満タンにしたら A に戻る.
- ジープ2は, A で給油したあと, P_1 に行く.

P_1 において2台のジープには合計で5/3単位の燃料があり, それを2台のジープで等分する. そうすると, 2台は A からの距離が $1/3 + 5/6 = 7/6$ であるような地点 B に行くことができる. 必要となる燃料は3単位である.

(b) 4単位の燃料が必要である.

- ジープ1は, P_1 ($x = 1/3$) に行き, そこに留まる.
- ジープ2は, A から P_1 に行き, そこでジープ1を満タンにしたら A に戻る.
- ジープ1は, P_2 ($x = 4/9$) に行く.
- ジープ2は, A から P_2 に行き, そこでジープ1を満タンにしたら A に戻る.
- ジープ2は, A で給油したあと, P_2 に行く.

P_2 において2台のジープには合計で14/9単位の燃料があり, それを2台のジープで等分する. そうすると, 2台は A からの距離が $4/9 + 7/9 = 11/9$ であるような地点 B に行くことができる. 必要となる燃料は4単位である.

(c) 4.42単位の燃料が必要である.

- ジープ1は, P_1 ($x = 0.14$) に行き, そこに留まる.
- ジープ2は, A から P_1 に行き, そこでジープ1を満タンにしたら A に戻る.
- ジープ1は, P_2 ($x = 0.38$) に行く.
- ジープ2は, A から P_2 に行き, そこでジープ1を満タンにしたら A に戻る.

解　答　**157**

- ジープ 1 は，P_3 ($x = 0.46$) に行く．
- ジープ 2 は，A から P_3 に行き，そこでジープ 1 を満タンにしたら A に戻る．
- ジープ 2 は，A で給油したあと，P_3 に行く．

P_3 において 2 台のジープには合計で 1.54 単位の燃料があり，それを 2 台のジープで等分する．そうすると，2 台は A からの距離が $0.46 + 0.77 = 1.23$ であるような地点 B に行くことができる．必要となる燃料は 4.42 単位である．

(d) 最大距離は $67/54$ である．

- ジープ 1 は，P_1 ($x = 1/3$) に行き，そこに留まる．
- ジープ 2 は，A から P_1 に行き，そこでジープ 1 を満タンにしたら A に戻る．
- ジープ 1 は，P_2 ($x = 4/9$) に行く．
- ジープ 2 は，A から P_2 に行き，そこでジープ 1 を満タンにしたら A に戻る．
- ジープ 1 は，P_3 ($x = 13/27$) に行く．
- ジープ 2 は，A から P_3 に行き，そこでジープ 1 を満タンにしたら A に戻る．
- ジープ 2 は，A で給油したあと，P_3 に行く．

P_3 において 2 台のジープには合計で $41/27$ 単位の燃料があり，それを 2 台のジープで等分する．そうすると，2 台は A からの距離が $13/27 + 41/54 = 67/54$ であるような地点 B に行くことができる．必要となる燃料は 5 単位である．

(e) 最大距離は $1{,}339/1{,}080$ である．

- ジープ 1 は，P_1 ($x = 19/60$) に行き，そこに留まる．
- ジープ 2 は，A から P_1 に行き，そこでジープ 1 を満タンにしたら A に戻る．

- ジープ1は，P_2 ($x = 79/180$) に行く．
- ジープ2は，A から P_2 に行き，そこでジープ1を満タンにしたら A に戻る．
- ジープ1は，P_3 ($x = 259/540$) に行く．
- ジープ2は，A から P_3 に行き，そこでジープ1を満タンにしたら A に戻る．
- ジープ2は，A で給油したあと，P_3 に行く．

P_3 において2台のジープには合計で $821/540$ 単位の燃料があり，それを2台のジープで等分する．そうすると，2台は A からの距離が $259/540 + 821/1{,}080 = 1{,}339/1{,}080$ であるような地点 B に行くことができる．必要となる燃料は 4.95 単位である．

(f) 6.095 単位の燃料が必要である．

- ジープ1は，P_1 ($x = 0.365$) に行き，そこに留まる．
- ジープ2は，A から P_1 に行き，そこでジープ1を満タンにしたら A に戻る．
- ジープ1は，P_2 ($x = 0.455$) に行く．
- ジープ2は，A から P_2 に行き，そこでジープ1を満タンにしたら A に戻る．
- ジープ1は，P_3 ($x = 0.485$) に行く．
- ジープ2は，A から P_3 に行き，そこでジープ1を満タンにしたら A に戻る．
- ジープ1は，P_4 ($x = 0.495$) に行く．
- ジープ2は，A から P_4 に行き，そこでジープ1を満タンにしたら A に戻る．
- ジープ2は，A で給油したあと，P_4 に行く．

P_4 において2台のジープには合計で 1.505 単位の燃料があり，それを2台のジープで等分する．そうすると，2台は A からの

距離が $0.495 + 0.7525 = 1.2475$ であるような地点 B に行くことができる．必要となる燃料は 6.095 単位である．

73 2 台のジープによる 1 台の往復旅行

(a) 最大距離は $8/9$ である．

- ジープ 1 は，$P_1\ (x = 1/6)$ に行き，そこに留まる．
- ジープ 2 は，A から P_1 に行き，そこでジープ 1 を満タンにしたら A に戻る．
- ジープ 1 は，$P_2\ (x = 7/18)$ に行く．
- ジープ 2 は，A から P_2 に行き，そこでジープ 1 を満タンにしたら A に戻る．
- ジープ 1 は，$B\ (x = 8/9)$ に行き，P_2 に戻る．
- ジープ 2 は，A から P_2 に行き，そこで P_1 に行けるだけの給油をジープ 1 にしたら A に戻る．
- ジープ 1 は，P_1 に行く．
- ジープ 2 は，A から P_1 に行き，そこで A に行けるだけの給油をジープ 1 にしたら A に戻る．
- ジープ 1 は，A に行く．

必要となる燃料は 3 単位である．

(b) 最大距離は $11/12$ である．

- ジープ 1 は，$P_1\ (x = 1/4)$ に行き，そこに留まる．
- ジープ 2 は，A から P_1 に行き，そこでジープ 1 を満タンにしたら A に戻る．
- ジープ 1 は，$P_2\ (x = 1/4 + 1/6 = 5/12)$ に行く．
- ジープ 2 は，A から P_2 に行き，そこでジープ 1 を満タンにしたら A に戻る．
- ジープ 1 は，$B\ (x = 11/12)$ に行き，P_2 に戻る．

- ジープ2は，AからP_2に行き，そこでP_1に行けるだけの給油をジープ1にしたらAに戻る．
- ジープ1は，P_1に行く．
- ジープ2は，AからP_1に行き，そこでAに行けるだけの給油をジープ1にしたらAに戻る．
- ジープ1は，Aに行く．

必要となる燃料は3.5単位である．

(c) 5.11単位の燃料が必要である．

- ジープ1は，P_1 $(x = 0.185)$ に行き，そこに留まる．
- ジープ2は，AからP_1に行き，そこでジープ1を満タンにしたらAに戻る．
- ジープ1は，P_2 $(x = 0.395)$ に行く．
- ジープ2は，AからP_2に行き，そこでジープ1を満タンにしたらAに戻る．
- ジープ1は，P_3 $(x = 0.465)$ に行く．
- ジープ2は，AからP_3に行き，そこでジープ1を満タンにしたらAに戻る．
- ジープ1は，B $(x = 0.965)$ に行き，P_3に戻る．
- ジープ2は，AからP_3に行き，そこでP_2に行けるだけの給油をジープ1にしたらAに戻る．
- ジープ1は，P_2に行く．
- ジープ2は，AからP_2に行き，そこでP_1に行けるだけの給油をジープ1にしたらAに戻る．
- ジープ1は，P_1に行く．
- ジープ2は，AからP_1に行き，そこでAに行けるだけの給油をジープ1にしたらAに戻る．
- ジープ1は，Aに行く．

必要となる燃料は 5.11 単位である．

(d) 6 単位の燃料が必要である．

- ジープ 1 は，P_1 ($x = 1/3$) に行き，そこに留まる．
- ジープ 2 は，A から P_1 に行き，そこでジープ 1 を満タンにしたら A に戻る．
- ジープ 1 は，P_2 ($x = 1/3 + 1/9 = 4/9$) に行く．
- ジープ 2 は，A から P_2 に行き，そこでジープ 1 を満タンにしたら A に戻る．
- ジープ 1 は，P_3 ($x = 4/9 + 1/27 = 13/27$) に行く．
- ジープ 2 は，A から P_3 に行き，そこでジープ 1 を満タンにしたら A に戻る．
- ジープ 1 は，B ($x = 53/54$) に行き，P_3 に戻る．
- ジープ 2 は，A から P_3 に行き，そこで P_2 に行けるだけの給油をジープ 1 にしたら A に戻る．
- ジープ 1 は，P_2 に行く．
- ジープ 2 は，A から P_2 に行き，そこで P_1 に行けるだけの給油をジープ 1 にしたら A に戻る．
- ジープ 1 は，P_1 に行く．
- ジープ 2 は，A から P_1 に行き，そこで A に行けるだけの給油をジープ 1 にしたら A に戻る．
- ジープ 1 は，A に行く．

必要となる燃料は 6 単位である．

(e) 6.3 単位の燃料が必要である．

- ジープ 1 は，P_1 ($x = 0.05$) に行き，そこに留まる．
- ジープ 2 は，A から P_1 に行き，そこでジープ 1 を満タンにしたら A に戻る．
- ジープ 1 は，P_2 ($x = 0.35 = 13/30$) に行く．

- ジープ 2 は，A から P_2 に行き，そこでジープ 1 を満タンにしたら A に戻る．
- ジープ 1 は，P_3 $(x = 0.45)$ に行く．
- ジープ 2 は，A から P_3 に行き，そこでジープ 1 を満タンにしたら A に戻る．
- ジープ 1 は，P_4 $(x = 0.45 + 1/30 = 29/60)$ に行く．
- ジープ 2 は，A から P_4 に行き，そこでジープ 1 を満タンにしたら A に戻る．
- ジープ 1 は，B $(x = 59/60)$ に行き，P_4 に戻る．
- ジープ 2 は，A から P_4 に行き，そこで P_3 に行けるだけの給油をジープ 1 にしたら A に戻る．
- ジープ 1 は，P_3 に行く．
- ジープ 2 は，A から P_3 に行き，そこで P_2 に行けるだけの給油をジープ 1 にしたら A に戻る．
- ジープ 1 は，P_2 に行く．
- ジープ 2 は，A から P_2 に行き，そこで P_1 に行けるだけの給油をジープ 1 にしたら A に戻る．
- ジープ 1 は，P_1 に行く．
- ジープ 2 は，A から P_1 に行き，そこで A に行けるだけの給油をジープ 1 にしたら A に戻る．
- ジープ 1 は，A に行く．

必要となる燃料は 6.3 単位である．

(f) 最大距離は $134/135$ である．

- ジープ 1 は，P_1 $(x = 0.3)$ に行き，そこに留まる．
- ジープ 2 は，A から P_1 に行き，そこでジープ 1 を満タンにしたら A に戻る．
- ジープ 1 は，P_2 $(x = 0.3 + 2/15 = 13/30)$ に行く．

解　答　**163**

- ジープ2は，A から P_2 に行き，そこでジープ1を満タンにしたら A に戻る．
- ジープ1は，P_3 ($x = 13/30 + 2/45 = 43/90$) に行く．
- ジープ2は，A から P_3 に行き，そこでジープ1を満タンにしたら A に戻る．
- ジープ1は，P_4 ($x = 43/90 + 2/135 = 133/270$) に行く．
- ジープ2は，A から P_4 に行き，そこでジープ1を満タンにしたら A に戻る．
- ジープ1は，B ($x = 134/135$) に行き，P_4 に戻る．
- ジープ2は，A から P_4 に行き，そこで P_3 に行けるだけの給油をジープ1にしたら A に戻る．
- ジープ1は，P_3 に行く．
- ジープ2は，A から P_3 に行き，そこで P_2 に行けるだけの給油をジープ1にしたら A に戻る．
- ジープ1は，P_2 に行く．
- ジープ2は，A から P_2 に行き，そこで P_1 に行けるだけの給油をジープ1にしたら A に戻る．
- ジープ1は，P_1 に行く．
- ジープ2は，A から P_1 に行き，そこで A に行けるだけの給油をジープ1にしたら A に戻る．
- ジープ1は，A に行く．

必要となる燃料は7.8単位である．

(g) 7.38単位の燃料が必要である．

- ジープ1は，P_1 ($x = 0.23$) に行き，そこに留まる．
- ジープ2は，A から P_1 に行き，そこでジープ1を満タンにしたら A に戻る．
- ジープ1は，P_2 ($x = 0.41$) に行く．

- ジープ 2 は，A から P_2 に行き，そこでジープ 1 を満タンにしたら A に戻る．
- ジープ 1 は，P_3 $(x = 0.47)$ に行く．
- ジープ 2 は，A から P_3 に行き，そこでジープ 1 を満タンにしたら A に戻る．
- ジープ 1 は，P_4 $(x = 0.49)$ に行く．
- ジープ 2 は，A から P_4 に行き，そこでジープ 1 を満タンにしたら A に戻る．
- ジープ 1 は，B $(x = 0.99)$ に行き，P_4 に戻る．
- ジープ 2 は，A から P_4 に行き，そこで P_3 に行けるだけの給油をジープ 1 にしたら A に戻る．
- ジープ 1 は，P_3 に行く．
- ジープ 2 は，A から P_3 に行き，そこで P_2 に行けるだけの給油をジープ 1 にしたら A に戻る．
- ジープ 1 は，P_2 に行く．
- ジープ 2 は，A から P_2 に行き，そこで P_1 に行けるだけの給油をジープ 1 にしたら A に戻る．
- ジープ 1 は，P_1 に行く．
- ジープ 2 は，A から P_1 に行き，そこで A に行けるだけの給油をジープ 1 にしたら A に戻る．
- ジープ 1 は，A に行く．

必要となる燃料は 7.38 単位である．

74　2 台のジープによる 2 台の往復旅行

(a) 最大距離は $2/3$ である．

- ジープ 1 は，P_1 $(x = 1/3)$ に行き，そこに留まる．
- ジープ 2 は，A から P_1 に行き，そこでジープ 1 を満タンにしたら A に戻る．

解 答 **165**

- ジープ2は，P_1 に行く．
- ジープ1とジープ2は，B $(x=2/3)$ に行き，P_1 に戻る．
- ジープ2は，A に行き，A から P_1 に行き，そこで A に行けるだけの給油をジープ1にしたら A に戻る．
- ジープ1は，A に行く．

必要となる燃料は4単位である．

(b) 5.2単位の燃料が必要である．

- ジープ1は，P_1 $(x=0.2)$ に行き，そこに留まる．
- ジープ2は，A から P_1 に行き，そこでジープ1を満タンにしたら A に戻る．
- ジープ1は，P_2 $(x=0.4)$ に行く．
- ジープ2は，A から P_2 に行き，そこでジープ1を満タンにしたら A に戻る．
- ジープ2は，P_2 に行く．
- ジープ1とジープ2は，B $(x=0.7)$ に行き，P_2 に戻る．
- ジープ2は，A に行き，A から P_2 に行き，そこで P_1 に行けるだけの給油をジープ1にしたら A に戻る．
- ジープ1は，P_1 に行く．
- ジープ2は，A から P_1 に行き，そこで A に行けるだけの給油をジープ1にしたら A に戻る．
- ジープ1は A に行く．

必要となる燃料は5.2単位である．

(c) 最大距離は13/18である．

- ジープ1は，P_1 $(x=1/3)$ に行き，そこに留まる．
- ジープ2は，A から P_1 に行き，そこでジープ1を満タンにしたら A に戻る．
- ジープ1は，P_2 $(x=4/9)$ に行く．

- ジープ2は，A から P_2 に行き，そこでジープ1を満タンにしたら A に戻る．
- ジープ2は，P_2 に行く．
- ジープ1とジープ2は，B $(x = 13/18)$ に行き，P_2 に戻る．
- ジープ2は，A に行き，A から P_2 に行き，そこで P_1 に行けるだけの給油をジープ1にしたら A に戻る．
- ジープ1は，P_1 に行く．
- ジープ2は，A から P_1 に行き，そこで A に行けるだけの給油をジープ1にしたら A に戻る．
- ジープ1は A に行く．

必要となる燃料は6単位である．

(d) 最大距離は $79/108$ である．

- ジープ1は，P_1 $(x = 1/6)$ に行き，そこに留まる．
- ジープ2は，A から P_1 に行き，そこでジープ1を満タンにしたら A に戻る．
- ジープ1は，P_2 $(x = 7/18)$ に行く．
- ジープ2は，A から P_2 に行き，そこでジープ1を満タンにしたら A に戻る．
- ジープ1は，P_3 $(x = 25/54)$ に行く．
- ジープ2は，A から P_3 に行き，そこでジープ1を満タンにしたら A に戻る．
- ジープ2は，P_3 に行く．
- ジープ1とジープ2は，B $(x = 79/108)$ に行き，P_3 に戻る．
- ジープ2は，A に行き，A から P_3 に行き，そこで P_2 に行けるだけの給油をジープ1にしたら A に戻る．
- ジープ1は，P_2 に行く．
- ジープ2は，A から P_2 に行き，そこで P_1 に行けるだけの

給油をジープ 1 にしたら A に戻る.

- ジープ 1 は，P_1 に行く.
- ジープ 2 は，A から P_1 に行き，そこで A に行けるだけの給油をジープ 1 にしたら A に戻る.
- ジープ 1 は，A に行く.

必要となる燃料は 7 単位である.

(e) 7.92 単位の燃料が必要である.

- ジープ 1 は，P_1 ($x = 0.32$) に行き，そこに留まる.
- ジープ 2 は，A から P_1 に行き，そこでジープ 1 を満タンにしたら A に戻る.
- ジープ 1 は，P_2 ($x = 0.44$) に行く.
- ジープ 2 は，A から P_2 に行き，そこでジープ 1 を満タンにしたら A に戻る.
- ジープ 1 は，P_3 ($x = 0.48$) に行く.
- ジープ 2 は，A から P_3 に行き，そこでジープ 1 を満タンにしたら A に戻る.
- ジープ 2 は，P_3 に行く.
- ジープ 1 とジープ 2 は，B ($x = 0.74$) に行き，P_3 に戻る.
- ジープ 2 は，A に行き，A から P_3 に行き，そこで P_2 に行けるだけの給油をジープ 1 にしたら A に戻る.
- ジープ 1 は，P_2 に行く.
- ジープ 2 は，A から P_2 に行き，そこで P_1 に行けるだけの給油をジープ 1 にしたら A に戻る.
- ジープ 1 は，P_1 に行く.
- ジープ 2 は，A から P_1 に行き，そこで A に行けるだけの給油をジープ 1 にしたら A に戻る.
- ジープ 1 は，A に行く.

必要となる燃料は 7.92 単位である．

(f) 最大距離は 67/90 である．

- ジープ 1 は，P_1 ($x = 0.2$) に行き，そこに留まる．
- ジープ 2 は，A から P_1 に行き，そこでジープ 1 を満タンにしたら A に戻る．
- ジープ 1 は，P_2 ($x = 0.4$) に行く．
- ジープ 2 は，A から P_2 に行き，そこでジープ 1 を満タンにしたら A に戻る．
- ジープ 1 は，P_3 ($x = 0.4 + 1/15 = 7/15$) に行く．
- ジープ 2 は，A から P_3 に行き，そこでジープ 1 を満タンにしたら A に戻る．
- ジープ 1 は，P_4 ($x = 7/15 + 1/45 = 22/45$) に行く．
- ジープ 2 は，A から P_4 に行き，そこでジープ 1 を満タンにしたら A に戻る．
- ジープ 2 は，P_4 に行く．
- ジープ 1 とジープ 2 は，B ($x = 67/90$) に行き，P_4 に戻る．
- ジープ 2 は，A に行き，A から P_4 に行き，そこで P_3 に行けるだけの給油をジープ 1 にしたら A に戻る．
- ジープ 1 は，P_3 に行く．
- ジープ 2 は，A から P_3 に行き，そこで P_2 に行けるだけの給油をジープ 1 にしたら A に戻る．
- ジープ 1 は，P_2 に行く．
- ジープ 2 は，A から P_2 に行き，そこで P_1 に行けるだけの給油をジープ 1 にしたら A に戻る．
- ジープ 1 は，P_1 に行く．
- ジープ 2 は，A から P_1 に行き，そこで A に行けるだけの給油をジープ 1 にしたら A に戻る．
- ジープ 1 は，A に行く．

必要となる燃料は 9.2 単位である．

(g) 最大距離は 403/540 である．

- ジープ 1 は，P_1 ($x = 0.3$) に行き，そこに留まる．
- ジープ 2 は，A から P_1 に行き，そこでジープ 1 を満タンにしたら A に戻る．
- ジープ 1 は，P_2 ($x = 13/30$) に行く．
- ジープ 2 は，A から P_2 に行き，そこでジープ 1 を満タンにしたら A に戻る．
- ジープ 1 は，P_3 ($x = 13/30 + 2/45 = 43/90$) に行く．
- ジープ 2 は，A から P_3 に行き，そこでジープ 1 を満タンにしたら A に戻る．
- ジープ 1 は，P_4 ($x = 43/90 + 2/135 = 133/270$) に行く．
- ジープ 2 は，A から P_4 に行き，そこでジープ 1 を満タンにしたら A に戻る．
- ジープ 2 は，P_4 に行く．
- ジープ 1 とジープ 2 は，B ($x = 403/540$) に行き，P_4 に戻る．
- ジープ 2 は，A に行き，A から P_4 に行き，そこで P_3 に行けるだけの給油をジープ 1 にしたら A に戻る．
- ジープ 1 は，P_3 に行く．
- ジープ 2 は，A から P_3 に行き，そこで P_2 に行けるだけの給油をジープ 1 にしたら A に戻る．
- ジープ 1 は，P_2 に行く．
- ジープ 2 は，A から P_2 に行き，そこで P_1 に行けるだけの給油をジープ 1 にしたら A に戻る．
- ジープ 1 は，P_1 に行く．
- ジープ 2 は，A から P_1 に行き，そこで A に行けるだけの給油をジープ 1 にしたら A に戻る．

170 　解　答

- ジープ 1 は，A に行く．

必要となる燃料は 9.8 単位である．

(h) 10 単位の燃料が必要である．

- ジープ 1 は，P_1 ($x = 1/3$) に行き，そこに留まる．
- ジープ 2 は，A から P_1 に行き，そこでジープ 1 を満タンにしたら A に戻る．
- ジープ 1 は，P_2 ($x = 4/9$) に行く．
- ジープ 2 は，A から P_2 に行き，そこでジープ 1 を満タンにしたら A に戻る．
- ジープ 1 は，P_3 ($x = 4/9 + 1/27 = 13/27$) に行く．
- ジープ 2 は，A から P_3 に行き，そこでジープ 1 を満タンにしたら A に戻る．
- ジープ 1 は，P_4 ($x = 13/27 + 1/81 = 40/81$) に行く．
- ジープ 2 は，A から P_4 に行き，そこでジープ 1 を満タンにしたら A に戻る．
- ジープ 2 は，P_4 に行く．
- ジープ 1 とジープ 2 は，B ($x = 121/162$) に行き，P_4 に戻る．
- ジープ 2 は，A に行き，A から P_4 に行き，そこで P_3 に行けるだけの給油をジープ 1 にしたら A に戻る．
- ジープ 1 は，P_3 に行く．
- ジープ 2 は，A から P_3 に行き，そこで P_2 に行けるだけの給油をジープ 1 にしたら A に戻る．
- ジープ 1 は，P_2 に行く．
- ジープ 2 は，A から P_2 に行き，そこで P_1 に行けるだけの給油をジープ 1 にしたら A に戻る．
- ジープ 1 は，P_1 に行く．

解 答　**171**

- ジープ2は，AからP_1に行き，そこでAに行けるだけの給油をジープ1にしたらAに戻る．
- ジープ1は，Aに行く．

必要となる燃料は10単位である．

75　2台のジープと2箇所の補給基地

(a)　3.5単位の燃料が必要である．

- ジープ1は，P_1 ($x = 1/4$) に行き，そこに留まる．
- ジープ2は，AからP_1に行き，そこでジープ1を満タンにしたらAに戻る．
- ジープ1は，B ($x = 5/4$) に行く．
- ジープ2は，AからP_1' ($x = 1$) に行く．
- ジープ1はBからP_1'に行き，そこでBに行けるだけの給油をジープ2にしたらBに戻る．
- ジープ2は，Bに行く．

必要となる燃料は3.5単位である．

(b)　4.12単位の燃料が必要である．

- ジープ1は，P_1 ($x = 0.02$) に行き，そこに留まる．
- ジープ2は，AからP_1に行き，そこでジープ1を満タンにしたらAに戻る．
- ジープ1は，P_2 ($x = 0.34$) に行き，そこに留まる．
- ジープ2は，AからP_2に行き，そこでジープ1を満タンにしたらAに戻る．
- ジープ1は，B ($x = 1.34$) に行く．
- ジープ2は，AからP_2' ($x = 1$) に行く．
- ジープ1は，BからP_2'に行き，そこでP_1' ($x = 1.32$) に行けるだけの給油をジープ2にしたらBに戻る．

- ジープ 2 は，P_2' から P_1' に行く．
- ジープ 1 は，B から P_1' に行き，そこで B に行けるだけの給油をジープ 2 にしたら B に戻る．
- ジープ 2 は，B に行く．

必要となる燃料は 4.12 単位である．

(c) 最大距離は 1.39 である．

- ジープ 1 は，P_1 ($x = 0.17$) に行き，そこに留まる．
- ジープ 2 は，A から P_1 に行き，そこでジープ 1 を満タンにしたら A に戻る．
- ジープ 1 は，P_2 ($x = 0.39$) に行き，そこに留まる．
- ジープ 2 は，A から P_2 に行き，そこでジープ 1 を満タンにしたら A に戻る．
- ジープ 1 は，B ($x = 1.39$) に行く．
- ジープ 2 は，A から P_2' ($x = 1$) に行く．
- ジープ 1 は，B から P_2' に行き，そこで P_1' ($x = 1.22$) に行けるだけの給油をジープ 2 にしたら B に戻る．
- ジープ 2 は，P_2' から P_1' に行く．
- ジープ 1 は，B から P_1' に行き，そこで B に行けるだけの給油をジープ 2 にしたら B に戻る．
- ジープ 2 は，B に行く．

必要となる燃料は 5.02 単位である．

(d) 最大距離は $263/180$ である．

- ジープ 1 は，P_1 ($x = 0.15$) に行き，そこに留まる．
- ジープ 2 は，A から P_1 に行き，そこでジープ 1 を満タンにしたら A に戻る．
- ジープ 1 は，P_2 ($x = 23/60$) に行き，そこに留まる．
- ジープ 2 は，A から P_2 に行き，そこでジープ 1 を満タンに

解答 173

したら A に戻る.
- ジープ 1 は, P_3 ($x = 83/180$) に行き, そこに留まる.
- ジープ 2 は, A から P_3 に行き, そこでジープ 1 を満タンにしたら A に戻る.
- ジープ 1 は, B ($x = 263/180$) に行く.
- ジープ 2 は, A から P_3' ($x = 1$) に行く.
- ジープ 1 は, B から P_3' に行き, そこで P_2' ($x = 97/90$) に行けるだけの給油をジープ 2 にしたら B に戻る.
- ジープ 2 は, P_3' から P_2' に行く.
- ジープ 1 は, B から P_2' に行き, そこで P_1' ($x = 59/45$) に行けるだけの給油をジープ 2 にしたら B に戻る.
- ジープ 2 は, P_2' から P_1' に行く.
- ジープ 1 は, B から P_1' に行き, そこで B に行けるだけの給油をジープ 2 にしたら B に戻る.
- ジープ 2 は, B に行く.

必要となる燃料は 6.9 単位である.

(e) 7.65 単位の燃料が必要である.

- ジープ 1 は, P_1 ($x = 0.275$) に行き, そこに留まる.
- ジープ 2 は, A から P_1 に行き, そこでジープ 1 を満タンにしたら A に戻る.
- ジープ 1 は, P_2 ($x = 0.425$) に行き, そこに留まる.
- ジープ 2 は, A から P_2 に行き, そこでジープ 1 を満タンにしたら A に戻る.
- ジープ 1 は, P_3 ($x = 0.475$) に行き, そこに留まる.
- ジープ 2 は, A から P_3 に行き, そこでジープ 1 を満タンにしたら A に戻る.
- ジープ 1 は, B ($x = 1.475$) に行く.

174 解　答

- ジープ2は，A から P_3' ($x = 1$) に行く.
- ジープ1は，B から P_3' に行き，そこで P_2' ($x = 1.05$) に行けるだけの給油をジープ2にしたら B に戻る.
- ジープ2は，P_3' から P_2' に行く.
- ジープ1は，B から P_2' に行き，そこで P_1' ($x = 1.2$) に行けるだけの給油をジープ2にしたら B に戻る.
- ジープ2は，P_2' から P_1' に行く.
- ジープ1は，B から P_1' に行き，そこで B に行けるだけの給油をジープ2にしたら B に戻る.
- ジープ2は，B に行く.

必要となる燃料は 7.65 単位である.

(f) 最大距離は $401/270$ である.

- ジープ1は，P_1 ($x = 0.1$) に行き，そこに留まる.
- ジープ2は，A から P_1 に行き，そこでジープ1を満タンにしたら A に戻る.
- ジープ1は，P_2 ($x = 11/30$) に行き，そこに留まる.
- ジープ2は，A から P_2 に行き，そこでジープ1を満タンにしたら A に戻る.
- ジープ1は，P_3 ($x = 41/90$) に行き，そこに留まる.
- ジープ2は，A から P_3 に行き，そこでジープ1を満タンにしたら A に戻る.
- ジープ1は，P_4 ($x = 131/270$) に行き，そこに留まる.
- ジープ2は，A から P_4 に行き，そこでジープ1を満タンにしたら A に戻る..
- ジープ1は，B ($x = 401/270$) に行く.
- ジープ2は，A から P_4' ($x = 1$) に行く.
- ジープ1は，B から P_4' に行き，そこで P_3' ($x = 139/135$)

解　答　**175**

　　に行けるだけの給油をジープ2にしたら B に戻る.
- ジープ2は, P'_4 から P'_3 に行く.
- ジープ1は, B から P'_3 に行き, そこで P'_2 ($x = 151/135$) に行けるだけの給油をジープ2にしたら B に戻る.
- ジープ2は, P'_3 から P'_2 に行く.
- ジープ1は, B から P'_2 に行き, そこで P'_1 ($x = 187/135$) に行けるだけの給油をジープ2にしたら B に戻る.
- ジープ2は, P'_2 から P'_1 に行く.
- ジープ1は, B から P'_1 に行き, そこで B に行けるだけの給油をジープ2にしたら B に戻る.
- ジープ2は, B に行く.

必要となる燃料は 8.6 単位である.

(g) 最大距離は $3,361/2,250$ である.

- ジープ1は, P_1 ($x = 0.332$) に行き, そこに留まる.
- ジープ2は, A から P_1 に行き, そこでジープ1を満タンにしたら A に戻る.
- ジープ1は, P_2 ($x = 0.444$) に行き, そこに留まる.
- ジープ2は, A から P_2 に行き, そこでジープ1を満タンにしたら A に戻る.
- ジープ1は, P_3 ($x = 361/750$) に行き, そこに留まる.
- ジープ2は, A から P_3 に行き, そこでジープ1を満タンにしたら A に戻る.
- ジープ1は, P_4 ($x = 1,111/2,250$) に行き, そこに留まる.
- ジープ2は, A から P_4 に行き, そこでジープ1を満タンにしたら A に戻る.
- ジープ1は, B ($x = 3,361/2,250$) に行く.
- ジープ2は, A から P'_4 ($x = 1$) に行く.

- ジープ1は，B から P_4' に行き，そこで P_3' ($x = 1,139/1,125$) に行けるだけの給油をジープ2にしたら B に戻る．
- ジープ2は，P_4' から P_3' に行く．
- ジープ1は，B から P_3' に行き，そこで P_2' ($x = 1,181/1,125$) に行けるだけの給油をジープ2にしたら B に戻る．
- ジープ2は，P_3' から P_2' に行く．
- ジープ1は，B から P_2' に行き，そこで P_1' ($x = 1,307/1,125$) に行けるだけの給油をジープ2にしたら B に戻る．
- ジープ2は，P_2' から P_1' に行く．
- ジープ1は，B から P_1' に行き，そこで B に行けるだけの給油をジープ2にしたら B に戻る．
- ジープ2は，B に行く．

必要となる燃料は 9.992 単位である．

76 3台のジープによる1台の往復旅行

(a) 4単位の燃料が必要である．

- 3台のジープは，P_1 ($x = 0.25$) に行く．
- ジープ1とジープ2は，満タンにして，P_1 から P_2 ($x = 0.5$) に行く．
- ジープ1は P_2 から B ($x = 1$) に行き，P_2 に戻る．
- ジープ1とジープ2は，P_2 から P_1 に行く．
- ジープ3は，P_1 から A に行き，P_1 に戻る．
- 3台のジープは，P_1 から A に行く．

必要となる燃料は 4 単位である．

(b) 4.06単位の燃料が必要である．

- 3台のジープは，P_1 ($x = 0.1325$) に行く．
- ジープ1とジープ2は，満タンにして，P_1 から P_2 ($x = $

解　答　**177**

0.255) に行く.
- ジープ 1 は P_2 から P_3 ($x = 0.505$) に行く.
- ジープ 3 は P_1 から A に行き，そして P_2 に行く.
- ジープ 2 は，満タンにして，P_2 から P_3 に行く.
- ジープ 1 は，満タンにして，P_3 から B ($x = 1.005$) に行き，P_3 に戻る.
- ジープ 1 とジープ 2 は，P_3 から P_1 に行く（途中，P_2 でジープ 3 から給油する）.
- ジープ 3 は，P_2 から A に行き，そして P_1 に行く.
- 3 台のジープは，P_1 から A に行く.

必要となる燃料は 4.06 単位である.

(c) 4.12 単位の燃料が必要である.

- 3 台のジープは，P_1 ($x = 0.14$) に行く.
- ジープ 1 とジープ 2 は，満タンにして，P_1 から P_2 ($x = 0.26$) に行く.
- ジープ 1 は P_2 から P_3 ($x = 0.51$) に行く.
- ジープ 3 は P_1 から A に行き，そして P_2 に行く.
- ジープ 2 は，満タンにして，P_2 から P_3 に行く.
- ジープ 1 は，満タンにして，P_3 から B ($x = 1.01$) に行き，P_3 に戻る.
- ジープ 1 とジープ 2 は，P_3 から P_1 に行く（途中，P_2 でジープ 3 から給油する）.
- ジープ 3 は，P_2 から A に行き，そして P_1 に行く.
- 3 台のジープは，P_1 から A に行く.

必要となる燃料は 4.12 単位である.

(d) 4.48 単位の燃料が必要である.

- 3 台のジープは，P_1 ($x = 0.185$) に行く.

178　解　答

- ジープ1とジープ2は，満タンにして，P_1 から P_2 ($x = 0.29$) に行く．
- ジープ1は P_2 から P_3 ($x = 0.54$) に行く．
- ジープ3は P_1 から A に行き，そして P_2 に行く．
- ジープ2は，満タンにして，P_2 から P_3 に行く．
- ジープ1は，満タンにして，P_3 から B ($x = 1.04$) に行き，P_3 に戻る．
- ジープ1とジープ2は，P_3 から P_1 に行く（途中，P_2 でジープ3から給油する）．
- ジープ3は，P_2 から A に行き，そして P_1 に行く．
- 3台のジープは，P_1 から A に行く．

必要となる燃料は 4.48 単位である．

(e) 最大距離は $16/15$ である．

- 3台のジープは，P_1 ($x = 9/40$) に行く．
- ジープ1とジープ2は，満タンにして，P_1 から P_2 ($x = 9/40 + 11/120 = 19/60$) に行く．
- ジープ1は P_2 から P_3 ($x = 19/60 + 1/4 = 17/30$) に行く．
- ジープ3は P_1 から A に行き，そして P_2 に行く．
- ジープ2は，満タンにして，P_2 から P_3 に行く．
- ジープ1は，満タンにして，P_3 から B ($x = 16/15$) に行き，P_3 に戻る．
- ジープ1とジープ2は，P_3 から P_1 に行く（途中，P_2 でジープ3から給油する）．
- ジープ3は，P_2 から A に行き，そして P_1 に行く．
- 3台のジープは，P_1 から A に行く．

必要となる燃料は 4.8 単位である．

(f) 最大距離は 13/12 である.

- 3台のジープは, P_1 ($x = 0.25$) に行く.
- ジープ 1 とジープ 2 は, 満タンにして, P_1 から P_2 ($x = 0.25 + 1/12 = 1/3$) に行く.
- ジープ 1 は P_2 から P_3 ($x = 1/3 + 1/4 = 7/12$) に行く.
- ジープ 3 は P_1 から A に行き, そして P_2 に行く.
- ジープ 2 は, 満タンにして, P_2 から P_3 に行く.
- ジープ 1 は, 満タンにして, P_3 から B ($x = 13/12$) に行き, P_3 に戻る.
- ジープ 1 とジープ 2 は, P_3 から P_1 に行く (途中, P_2 でジープ 3 から給油する).
- ジープ 3 は, P_2 から A に行き, そして P_1 に行く.
- 3台のジープは, P_1 から A に行く.

必要となる燃料は 5 単位である.

第10章　マスダイスのパズル

77　0, 1, 2 を昇順に使って次の数を作れ

(a)　$12 = 0 + 12$

(b)　$13 = 0! + 12$

(c)　$24 = (0! + 1 + 2)! = [(0! + 1) \times 2]!$

78　1, 2, 3 を昇順に使って次の数を作れ

(a)　$12 = 1 \times 2 \times 3! = (1+2)! + 3!$

(b)　$13 = 1 + 2 \times 3!$

(c)　$15 = 12 + 3$

(d)　$24 = 1 + 23 = (12/3)! = (1^2 + 3)!$

(e)　$27 = (1+2)^3$

(f)　$36 = 12 \times 3 = (1+2)! \times 3!$

(g) $64 = 1 \times 2^{3!} = (1 \times 2)^{3!}$ (h) $72 = 12 \times 3!$

79 2, 3, 4 を昇順に使って次の数を作れ

(a) $14 = 2 \times (3+4) = 2+3 \times 4$
(b) $16 = 2 \times 3! + 4 = (2/3) \times 4! = 2^{3!}/4$
(c) $20 = (2+3) \times 4 = 2 - 3! + 4!$
(d) $24 = 2 \times 3 \times 4 = (2+3-4)!$
(e) $30 = 2 \times 3 + 4! = (2+3)!/4 = (2 \times 3)!/4!$
(f) $36 = 2 \times 3! + 4! = 2 + 34$
(g) $40 = 2^{3!} - 4!$
(h) $47 = 23 + 4!$
(i) $54 = 2 \times (3 + 4!)$
(j) $60 = 2 \times 3!!/4! = 2 \times (3! + 4!)$
(k) $68 = 2 \times 34$
(l) $74 = 2 + 3 \times 4!$
(m) $83 = 2 + 3^4$
(n) $88 = 2^{3!} + 4!$
(o) $96 = (2+3)! - 4!$

80 3, 4, 5 を昇順に使って次の数を作れ

(a) $12 = 3 + 4 + 5$
(b) $15 = (3/4!) \times 5! = 3! + 4 + 5$
(c) $16 = 3!!/45$
(d) $17 = 3 \times 4 + 5$
(e) $19 = 3! \times 4 - 5$
(f) $22 = 3 + 4! - 5$
(g) $24 = (3 - 4 + 5)! = 3!! \times 4/5! = 3! \times 4 - 5!$
(h) $25 = 3! + 4! - 5 = 3!!/4! - 5$
(i) $26 = 3! + 4 \times 5$
(j) $27 = 3 \times (4 + 5)$
(k) $29 = 34 - 5 = 3! \times 4 + 5$
(l) $30 = (3!/4!) \times 5!$
(m) $32 = 3 + 4! + 5 = (3! - 4)^5$
(n) $35 = (3 + 4) \times 5 = 3! + 4! + 5 = 3!!/4! + 5$
(o) $36 = 3!!/(4 \times 5)$
(p) $39 = 34 + 5$
(q) $42 = (3+4)!/5!$
(r) $50 = (3! + 4) \times 5$
(s) $51 = 3! + 45$
(t) $54 = 3! \times (4 + 5)$

解 答 **181**

(u) $57 = 3 \times (4! - 5)$
(v) $60 = 3 \times 4 \times 5 = 3!!/4 - 5!$
(w) $67 = 3 \times 4! - 5$
(x) $76 = 3^4 - 5$
(y) $77 = 3 \times 4! + 5$
(z) $80 = 3!!/(4+5)$
(a1) $86 = 3^4 + 5$
(b1) $87 = 3 \times (4! + 5)$
(c1) $90 = (3/4) \times 5!$
(d1) $99 = 3 - 4! + 5!$

81 4, 5, 6 を昇順に使って次の数を作れ

(a) $13 = 4! - 5 - 6$
(b) $20 = 4! \times 5/6$
(c) $24 = (4! + 5!)/6 =$
$4 + 5!/6 = 4/(5!/6!)$
(d) $25 = 4! - 5 + 6$
(e) $26 = 4 \times 5 + 6$
(f) $34 = 4 + 5 \times 6$
(g) $35 = 4! + 5 + 6$
(h) $39 = 45 - 6$
(i) $44 = 4 \times (5 + 6) =$
$4! + 5!/6$
(j) $51 = 45 + 6$
(k) $54 = (4 + 5) \times 6 =$
$4! + 5 \times 6$
(l) $60 = 4 + 56$
(m) $80 = 4 \times 5!/6 = 4! + 56$

82 5, 6, 7 を昇順に使って次の数を作れ

(a) $18 = 5 + 6 + 7 = (5! + 6)/7$
(b) $23 = 5 \times 6 - 7$
(c) $24 = (5 + 6 - 7)!$
(d) $27 = 5!/6 + 7$
(e) $35 = (5/6!) \times 7!$
(f) $37 = 5 \times 6 + 7$
(g) $47 = 5 + 6 \times 7$
(h) $49 = 56 - 7$
(i) $53 = 5! - 67$
(j) $63 = 56 + 7$
(k) $65 = 5 \times (6 + 7)$
(l) $72 = 5 + 67$
(m) $77 = (5 + 6) \times 7$
(n) $78 = 5! - 6 \times 7$

83 6, 7, 8 を昇順に使って次の数を作れ

(a) $21 = 6 + 7 + 8$
(b) $34 = 6 \times 7 - 8$
(c) $48 = (6/7!) \times 8! = 6!/(7+8)$
(d) $50 = 6 \times 7 + 8$
(e) $59 = 67 - 8$
(f) $62 = 6 + 7 \times 8$
(g) $75 = 67 + 8$
(h) $90 = 6! \times 7!/8! = 6 \times (7+8) = 6! - 7!/8$

84 7, 8, 9 を昇順に使って次の数を作れ

(a) $24 = 7 + 8 + 9$
(b) $47 = 7 \times 8 - 9$
(c) $63 = (7/8!) \times 9!$
(d) $65 = 7 \times 8 + 9$
(e) $69 = 78 - 9$
(f) $70 = 7!/(8 \times 9)$
(g) $79 = 7 + 8 \times 9$
(h) $87 = 78 + 9$
(i) $96 = 7 + 89$

85 0, 2, 4 を昇順に使って次の数を作れ

(a) $17 = 0 + 2^4$
(b) $23 = 0! - 2 + 4!$
(c) $25 = 0!^2 + 4! = 0! + 24$
(d) $30 = (0!+2)! + 4! = (0!+2)!!/4!$
(e) $49 = 0! + 2 \times 4!$
(f) $72 = (0!+2) \times 4!$
(g) $81 = (0!+2)^4$

86 1, 3, 5 を昇順に使って次の数を作れ

(a) $12 = 1 + 3! + 5$
(b) $15 = 1 \times 3 \times 5$
(c) $16 = 1 + 3 \times 5$
(d) $19 = (1+3)! - 5$
(e) $20 = (1+3) \times 5 = (1/3!) \times 5!$
(f) $29 = (1+3)! + 5$
(g) $30 = 1 \times 3! \times 5$

解　答　**183**

(h)　$31 = 1 + 3! \times 5$

(j)　$42 = (1+3!)!/5!$

(i)　$40 = (1/3) \times 5!$

(k)　$65 = 13 \times 5$

87　2, 4, 6 を昇順に使って次の数を作れ

(a)　$16 = 2^{4!/6}$

(b)　$20 = 2 + 4! - 6 = 2 \times (4 + 6)$

(c)　$22 = 2^4 + 6$

(d)　$24 = (24/6)!$

(e)　$26 = 2 + 4 \times 6 = 2 + (4!/6)!$

(f)　$30 = 24 + 6$

(g)　$32 = 2 + 4! + 6$

(h)　$36 = (2+4) \times 6 = 2 \times (4! - 6)$

(i)　$42 = 2 \times 4! - 6$

(j)　$48 = 2 \times 4 \times 6 = 2 \times (4!/6)! = 2 + 46$

(k)　$54 = 2 \times 4! + 6$

(l)　$56 = (2 \times 4)!/6!$

(m)　$60 = (2/4!) \times 6! = 2 \times (4! + 6)$

(n)　$64 = (2-4)^6$

(o)　$96 = 2^4 \times 6$

88　3, 5, 7 を昇順に使って次の数を作れ

(a)　$13 = 3!!/5! + 7$

(b)　$15 = 3 + 5 + 7$

(c)　$18 = (3! + 5!)/7 = 3! + 5 + 7$

(d)　$22 = 3 \times 5 + 7$

(e)　$23 = 3! \times 5 - 7$

(f)　$24 = (3! + 5 - 7)!$

(g)　$28 = 35 - 7$

(h)　$36 = 3 \times (5 + 7)$

(i)　$37 = 3! \times 5 + 7$

(j)　$38 = 3 + 5 \times 7$

(k)　$41 = 3! + 5 \times 7$

(l)　$42 = 35 + 7 = (3!!/5!) \times 7$

(m)　$56 = (3+5) \times 7$

(n)　$60 = 3 + 57 = 3!!/(5+7)$

(o)　$63 = 3! + 57$

(p)　$72 = 3! \times (5+7)$

(q)　$77 = (3! + 5) \times 7$

89 4, 6, 8 を昇順に使って次の数を作れ

(a) $12 = (4!/6) + 8$

(b) $16 = 4 \times 6 - 8 = (4!/6)! - 8$

(c) $18 = 4 + 6 + 8 = 4! \times 6/8$

(d) $22 = 4! + 6 - 8$

(e) $26 = 4! - 6 + 8$

(f) $32 = 4 \times 6 + 8 = (4!/6) \times 8 = (4!/6)! + 8$

(g) $38 = 46 - 8 = 4! + 6 + 8$

(h) $52 = 4 + 6 \times 8$

(i) $54 = 46 + 8$

(j) $56 = 4 \times (6 + 8)$

(k) $72 = 4! + 6 \times 8$

(l) $80 = (4 + 6) \times 8$

(m) $90 = (4 + 6)!/8!$

(n) $92 = 4! + 68$

(o) $93 = (4! + 6!)/8$

90 5, 7, 9 を昇順に使って次の数を作れ

(a) $21 = 5 + 7 + 9$

(b) $26 = 5 \times 7 - 9$

(c) $41 = 5! - 79$

(d) $44 = 5 \times 7 + 9$

(e) $48 = 57 - 9$

(f) $57 = 5! - 7 \times 9$

(g) $66 = 57 + 9$

(h) $68 = 5 + 7 \times 9$

(i) $80 = 5 \times (7 + 9)$

(j) $84 = 5 + 79$

91 0, 3, 6 を昇順に使って次の数を作れ

(a) $13 = 0! + 3! + 6$

(b) $19 = 0! + 3 \times 6$

(c) $24 = (0! + 3) \times 6 = [(0! + 3)!/6]!$

(d) $30 = (0! + 3)! + 6$

(e) $37 = 0! + 36 = 0! + 3! \times 6$

(f) $42 = (0! + 3!) \times 6$

(g) $64 = (0! - 3)^6$

92 1, 4, 7 を昇順に使って次の数を作れ

(a) $11 = 1 \times (4 + 7) = 1 \times 4 + 7$

(b) $12 = 1 + 4 + 7$

(c) $18 = 1 + 4! - 7$

(d) $21 = 14 + 7$

(e) $24 = (1-4+7)!$

(f) $31 = 1 \times 4! + 7 = (1 \times 4)! + 7$

(g) $32 = 1 + 4! + 7$

(h) $35 = (1+4) \times 7$

(i) $47 = 1 \times 47$

(j) $48 = 1 + 47$

(k) $98 = 14 \times 7$

93　2, 5, 8 を昇順に使って次の数を作れ

(a) $15 = 2 + 5 + 8$

(b) $17 = 25 - 8 = 2 + 5!/8$

(c) $18 = 2 \times 5 + 8$

(d) $24 = 2^5 - 8$

(e) $26 = 2 \times (5+8)$

(f) $30 = 2 \times 5!/8$

(g) $33 = 25 + 8$

(h) $40 = 2^5 + 8$

(i) $42 = 2 + 5 \times 8$

(j) $56 = (2+5) \times 8$

(k) $60 = 2 + 58$

(l) $80 = 2 \times 5 \times 8$

(m) $90 = (2 \times 5)!/8!$

94　3, 6, 9 を昇順に使って次の数を作れ

(a) $18 = 3 + 6 + 9$

(b) $21 = 3! + 6 + 9$

(c) $24 = (36/9)! = [(3! \times 6)/9]!$

(d) $27 = 3 \times 6 + 9 = 36 - 9$

(e) $45 = 36 + 9 = 3 \times (6+9) = 3! \times 6 + 9$

(f) $48 = 3!!/(6+9)$

(g) $75 = 3! + 69$

(h) $81 = (3+6) \times 9 = 3^6/9$

(i) $83 = 3 + 6!/9$

(j) $86 = 3! + 6!/9$

(k) $90 = 3! \times (6+9)$

95　0, 4, 8 を昇順に使って次の数を作れ

(a) $13 = 0! + 4 + 8$

(b) $15 = (0! + 4)!/8$

(c) $17 = 0! + 4! - 8$

(d) $33 = 0! + 4! + 8$

(e) $40 = (0! + 4) \times 8$

(f) $48 = 0! \times 48 = 0 + 48$

(g) $49 = 0! + 48$

96 1, 5, 9 を昇順に使って次の数を作れ

(a) $15 = 1 + 5 + 9$
(b) $24 = 15 + 9$
(c) $46 = 1 + 5 \times 9$
(d) $54 = (1 + 5) \times 9$
(e) $59 = 1 \times 59$
(f) $60 = 1 + 59$
(g) $80 = (1 + 5)!/9$

97 1, 2, 3 を降順に使って次の数を作れ

(a) $11 = 3! \times 2 - 1$
(b) $18 = 3 \times (2 + 1)!$
(c) $23 = (3! - 2)! - 1$
(d) $27 = 3^{2+1} = 3! + 21$
(e) $32 = 32 \times 1 = 32/1 = 32^1$
(f) $35 = 3!^2 - 1$
(g) $37 = 3!^2 + 1$
(h) $63 = 3 \times 21$

98 1, 2, 4 を降順に使って次の数を作れ

(a) $11 = 4!/2 - 1$
(b) $15 = 4^2 - 1$
(c) $18 = 4! - (2 + 1)!$
(d) $21 = 4! - 2 - 1$
(e) $25 = 4! + 2 - 1 = 4 + 21$
(f) $26 = 4! + 2 \times 1 = 4! + 2/1 = 4! + 2^1$
(g) $30 = 4! + (2 + 1)!$
(h) $45 = 4! + 21$
(i) $47 = 4! \times 2 - 1$
(j) $64 = 4^{2+1}$

99 1, 2, 5 を降順に使って次の数を作れ

(a) $11 = 5 + (2 + 1)! = 5 \times 2 + 1$
(b) $20 = 5!/(2 + 1)!$
(c) $24 = (5 - 2 + 1)! = 5^2 - 1$
(d) $26 = 5 + 21 = 5^2 + 1$
(e) $30 = 5 \times (2 + 1)!$
(f) $40 = 5!/(2 + 1)$
(g) $51 = 52 - 1$
(h) $61 = 5!/2 + 1$
(i) $99 = 5! - 21$

解 答 187

100 3, 5, 6 を降順に使って次の数を作れ

(a) $12 = 6 \times (5-3) = 6!/5! + 3!$

(b) $18 = (6!/5!) \times 3$

(c) $21 = 6 + 5 \times 3 = (6+5!)/3!$

(d) $24 = (6-5+3)! = 6 \times 5 - 3! = 6!/(5 \times 3!)$

(e) $26 = 6 + 5!/3!$

(f) $33 = 6 \times 5 + 3 = (6+5) \times 3$

(g) $36 = 65 - 3 = (6!/5!) \times 3! = 6 \times 5 + 3!$

(h) $46 = 6 + 5!/3$

(i) $48 = 6 \times (5+3) = 6!/(5 \times 3)$

(j) $59 = 6 + 53 = 65 - 3!$

(k) $66 = 6 \times (5+3!)$

(l) $90 = 6 \times 5 \times 3 = 6!/(5+3)$

(m) $100 = (6! - 5!)/3!$

101 3, 6, 7 を降順に使って次の数を作れ

(a) $13 = 7 + (6-3)! = 7!/6! + 3!$

(b) $21 = 7 \times (6-3) = (7!/6!) \times 3$

(c) $24 = (7-6+3)! = (7!/6! - 3)!$

(d) $39 = (7+6) \times 3 = 7 \times 6 - 3$

(e) $42 = 7 \times (6-3)! = (7!/6!) \times 3!$

(f) $49 = 7^{6/3}$

(g) $70 = 76 - 3! = 7 + 63$

(h) $78 = (7+6) \times 3!$

(i) $80 = 7!/63$

(j) $82 = 76 + 3!$

(k) $84 = 7 \times (6+3!)$

102 3, 6, 8 を降順に使って次の数を作れ

(a) $14 = 8 + (6-3)!$

(b) $24 = [(8/6) \times 3]! = 8 \times (6-3)$

(c) $28 = 8!/(6! + 3!!)$

(d) $48 = 8 \times (6-3)!$

(e) $50 = 8!/6! - 3$

(f) $55 = (8! - 6!)/3!!$

(g) $56 = 8!/(6-3)!!$

(h) $57 = (8! + 6!)/3!!$ (j) $80 = 86 - 3!$
(i) $64 = 8^{6/3} = (8-6)^{3!}$ (k) $96 = 8 \times (6 + 3!)$

103 3, 4, 7 を降順に使って次の数を作れ

(a) $11 = 7 + 4!/3!$
(b) $18 = (7-4)! \times 3 = (7-4) \times 3!$
(c) $25 = 7 + 4! - 3! = 7 \times 4 - 3$
(d) $27 = (7-4)^3$
(e) $28 = 7 + 4! - 3 = 7! \times 4/3!! = 7 \times 4!/3!$
(f) $31 = 7 \times 4 + 3 = 7 + (4!/3!)! = 7 + 4 \times 3!$
(g) $35 = 7!/(4! \times 3!)$
(h) $36 = (7-4)! \times 3!$
(i) $37 = 7 + 4! + 3!$
(j) $70 = 7 \times (4 + 3!)$
(k) $71 = 74 - 3 = 7 + 4^3$

104 3, 4, 5 を降順に使って次の数を作れ

(a) $11 = 5!/4! + 3!$
(b) $12 = 5 + 4 + 3 = 5!/(4 + 3!)$
(c) $15 = 5 + 4 + 3! = (5!/4!) \times 3$
(d) $16 = (5! - 4!)/3!$
(e) $20 = 5 \times 4!/3! = (5!/4!)!/3!$
(f) $29 = 5 + (4!/3!)! = 5 + 4 \times 3!$
(g) $30 = (5!/4!) \times 3!$
(h) $32 = 5 + 4! + 3 = (5! - 4!)/3$
(i) $40 = 5 \times 4!/3 = (5!/4!)!/3$
(j) $51 = 54 - 3$
(k) $56 = 5! - 4^3$
(l) $90 = (5!/4) \times 3 = 5! - 4! - 3! = 5 \times (4! - 3!)$
(m) $96 = 5! - 4 \times 3! = 5! - (4!/3!)!$

105 3, 5, 8 を降順に使って次の数を作れ

(a) $12 = (8-5)! + 3!$

(b) $18 = (8-5)! \times 3 = (8-5) \times 3!$

(c) $24 = [8/(5-3)]!$

(d) $27 = (8-5)^3$

(e) $28 = 8 + 5!/3!$

(f) $32 = 8^{5/3}$

(g) $48 = 8/(5!/3!!) = 8 + 5!/3$

(h) $56 = 8!/(5! \times 3!)$

(i) $64 = 8 \times (5+3) = 8^{5-3}$

(j) $78 = (8+5) \times 3!$

(k) $88 = 85+3 = 8 \times (5+3!)$

106 3, 7, 8 を降順に使って次の数を作れ

(a) $14 = 8!/7! + 3!$

(b) $15 = 8 + 7!/3!!$

(c) $24 = (8-7+3)! = (8!/7!) \times 3$

(d) $29 = 87/3 = 8 + 7 \times 3$

(e) $49 = (8!-7!)/3!!$

(f) $56 = 8 \times 7!/3!!$

(g) $63 = (8!+7!)/3!!$

(h) $81 = 87 - 3! = 8 + 73$

(i) $90 = 87+3 = (8+7) \times 3!$

107 3, 4, 8 を降順に使って次の数を作れ

(a) $12 = (8-4) \times 3 = (8/4) \times 3! = 8 + 4!/3!$

(b) $16 = 8^{4/3} = 8 + 4!/3$

(c) $24 = (8 - 4!/3!)! = [(8+4)/3]! = (8-4) \times 3! = [(8-4)!/3!]!$

(d) $28 = 84/3$

(e) $30 = (8-4)! + 3!$

(f) $32 = 8 \times 4!/3! = 8 + 4 \times 3! = 8 + (4!/3!)!$

(g) $35 = 8 \times 4 + 3 = 8 + 4! + 3$

(h) $64 = (8-4)^3 = (8/4)^{3!} = 8 \times 4!/3$

(i) $72 = (8-4)! \times 3 = (8+4) \times 3! = 8 + 4^3$

(j) $80 = 8 \times (4+3!) = 8 + 4! \times 3$

(k) $96 = 8 \times 4 \times 3 = (8+4!) \times 3$

108 3, 4, 6 を降順に使って次の数を作れ

(a) $18 = 6 \times 4 - 3!$

(b) $27 = 6 \times 4 + 3 =$
$6 + 4! - 3 = 6!/4! - 3$

(c) $33 = 6 + 4! + 3 = 6!/4! + 3$

(d) $36 = 6 + 4! + 3! =$
$6!/4! + 3!$

(e) $40 = 6!/(4! - 3!)$

(f) $58 = 64 - 3!$

(g) $60 = (6 + 4) \times 3! =$
$6!/(4 \times 3)$

(h) $64 = (6 - 4)^{3!}$

(i) $70 = 64 + 3! = 6 + 4^3$

(j) $72 = 6 \times 4 \times 3 =$
$6!/(4 + 3!)$

(k) $90 = (6 + 4!) \times 3 =$
$(6!/4!) \times 3$

109 4, 7, 9 を降順に使って次の数を作れ

(a) $15 = 9 + (7 - 4)!$

(b) $16 = (9 - 7)^4$

(c) $18 = 9!/(7! \times 4)$

(d) $24 = [(9 + 7)/4]!$

(e) $26 = 9 - 7 + 4!$

(f) $39 = 9 \times 7 - 4!$

(g) $48 = (9 - 7) \times 4! =$
$9!/7! - 4!$

(h) $68 = 9!/7! - 4$

(i) $73 = 97 - 4!$

(j) $83 = 9 + 74$

(k) $99 = 9 \times (7 + 4)$

110 4, 8, 9 を降順に使って次の数を作れ

(a) $13 = 9 + 8 - 4 = 9!/8! + 4$

(b) $24 = (9 - 8) \times 4! =$
$[(9 - 8) \times 4]!$

(c) $27 = (9/8) \times 4!$

(d) $33 = 9!/8! + 4! =$
$9 + (8 - 4)!$

(e) $36 = 9 \times (8 - 4) =$
$(9!/8!) \times 4$

(f) $41 = 9 + 8 + 4! = 9 + 8 \times 4$

(g) $68 = (9+8) \times 4 = 9 \times 8 - 4$

(h) $74 = 98 - 4!$

(i) $81 = 9^{8/4}$

(j) $93 = 9 + 84$

(k) $96 = 9 \times 8 + 4!$

解　答　**191**

111 3, 4, 9 を降順に使って次の数を作れ

(a) $11 = 9 - 4 + 3! = (9 + 4!)/3$

(b) $17 = 9 + 4!/3$

(c) $20 = (9 - 4)!/3!$

(d) $21 = 9!/(4! \times 3!) = 9 + 4 \times 3$

(e) $27 = 9 + 4! - 3!$

(f) $33 = 9 + (4!/3!)! = 9 \times 4 - 3 = 9 + 4 \times 3!$

(g) $39 = (9 + 4) \times 3 = 9 + 4! + 3! = 9 \times 4 + 3$

(h) $40 = (9 - 4)!/3$

(i) $72 = 9 \times 4!/3 = 9!/(4 + 3)!$

(j) $73 = 9 + 4^3$

(k) $88 = 94 - 3!$

(l) $99 = (9 + 4!) \times 3$

(m) $100 = 94 + 3!$

112 刺激的な単独解

(a) $15 = 2 \times 6/.8$

(b) $25 = 9 \times .6^{-2}$

(c) $30 = 27/.9$

(d) $7 = 8 - .8 - .2$

(e) $11 = (9 - .2)/.8$

(f) $25 = 3/(.3 \times .4)$

(g) $13 = 6/.3 - 7$

(h) $17 = (6 - .9)/.3$

(i) $9 = 8 + .7 + .3$

(j) $24 = (8 - .8)/.3$

(k) $9 = (4 - .4)/.4$

(l) $16 = 4/(.5 \times .5)$

(m) $28 = .5^{-5} - 4$

(n) $30 = 4 \times (8 - .5)$

(o) $23 = 9/.4 + .5$

(p) $64 = 4^{\wedge}(9^{.5})$

(q) $11 = 6 + 4/.8$

(r) $18 = 9/(.9 - .4)$

(s) $16 = .5 \times .5^{-5}$

(t) $11 = (6 - .5)/.5$

(u) $26 = .5^{-5} - 6$

(v) $11 = 8 + 9^{.5}$

(w) $64 = .5^{-9}/8$

113 厄介な2通りの解

(a) $7 = 1/.2 + 2 = 2 + .2^{-1}$
(b) $18 = 2/.1 - 2 = (2 - .2)/.1$
(c) $8 = 3 \times 3 - 1 = (3 - 1)^3$
(d) $6 = 4 + 3 - 1 = 3/(.1 + .4)$
(e) $10 = 8 + 1/.5 = 8 + .5^{-1}$
(f) $16 = 1 + 6 + 9 = 1 + 9/.6$
(g) $32 = 29 + 3 = 2 + 9/.3$
(h) $14 = 4 + 2 \times 5 = .5^{-4} - 2$
(i) $22 = 4 + 2 \times 9 = (9 - .2)/.4$
(j) $64 = 2^5/.5 = 2 \times .5^{-5}$
(k) $25 = .2^{6-8} = (.8 - .6)^{-2}$
(l) $7 = 2 \times 8 - 9 = 8 \times .9 - .2$
(m) $31 = 3^3 + 4 = 34 - 3$
(n) $24 = 3 \times (3 + 5) = 3 \times .5^{-3}$
(o) $30 = 3 \times 9 + 3 = 3^3/.9$
(p) $4 = 3 - 4 + 5 = .5^{-3} - 4$
(q) $8 = 3 + 9 - 4 = (.9 - .4)^{-3}$
(r) $14 = 3/.5 + 8 = (5 - .8)/.3$
(s) $18 = 6 \times (6 - 3) = (6 - .6)/.3$
(t) $8 = 4 \times 4 \times .5 = 4 \times 4^{.5}$
(u) $12 = 4/.5 + 4 = .5^{-4} - 4$
(v) $18 = (4 + 5)/.5 = 4 \times (5 - .5)$
(w) $16 = .5^{-6}/4 = 4 + 6/.5$
(x) $32 = (8/4)^5 = .5^{-4/.8}$
(y) $25 = 5 \times (9 - 4) = .5^{-4} + 9$

114 骨の折れる3通りの解

(a) $8 = 1/.1 - 2 = (1 - .2)/.1 = .1^{-1} - 2$
(b) $13 = 8 + 1/.2 = 21 - 8 = 8 + .2^{-1}$
(c) $8 = 1 + 3 + 4 = 4 \times (3 - 1) = (.1 + .4)^{-3}$
(d) $15 = 6/(2 \times .2) = 6/(.2 + .2) = .6 \times .2^{-2}$
(e) $2 = 8 - 2 \times 3 = (8 - 2)/3 = 3 - .2 - .8$
(f) $10 = 3 + 9 - 2 = 3^2/.9 = .9 \times .3^{-2}$
(g) $10 = 2/.5 + 6 = 6/.5 - 2 = .5^{-2} + 6$
(h) $32 = 5 \times 6 + 2 = .5 \times 2^6 = .5^{-6}/2$

解 答　193

(i)　$28 = 2 \times 7/.5 = 7 \times .5^{-2} = 7/.25$

(j)　$9 = 3 + 3 + 3 = 3^3/3 = (3 - .3)/.3$

(k)　$16 = (6/3)^4 = 4^{6/3} = 6/.3 - 4$

(l)　$13 = 3 + 5 + 5 = 5/.5 + 3 = 5 + .5^{-3}$

(m)　$4 = (5+7)/3 = 5 - .3 - .7 = 3/.75$

(n)　$15 = 3 + 5 + 7 = 3/(.7 - .5) = 7 + .5^{-3}$

(o)　$32 = 8^{5/3} = .5^{3-8} = (.8 - .3)^{-5}$

(p)　$10 = 5 \times (6 - 4) = 6/.4 - 5 = .5^{-4} - 6$

(q)　$8 = 5 + 7 - 4 = 4 \times (7 - 5) = .5^{4-7}$

(r)　$9 = 7 + .4 \times 5 = 7 + 4^{.5} = .5^{-4} - 7$

(s)　$20 = 5 \times (8 - 4) = 8/.5 + 4 = .5^{-4}/.8$

(t)　$25 = 5^{7-5} = 5/(.7 - .5) = .5^{-5} - 7$

(u)　$4 = 6/.5 - 8 = (8 - 6)/.5 = .5^{6-8}$

(v)　$25 = 5^{9-7} = 5/(.9 - .7) = 9/.5 + 7$

115　威嚇的な複数解

(a)　$5 = 2 \times 6 - 7 = 7/(2 - .6) = (7 - 6)/.2 = .2^{6-7}$

(b)　$27 = 3 \times (3 + 6) = 3^{6-3} = (6 - 3)^3 = 33 - 6$

(c)　$32 = 4 \times (3 + 5) = .5 \times 4^3 = 4 \times .5^{-3} = 4^{3-.5}$

(d)　$6 = 3 \times 5 - 9 = 9/(3 \times .5) = 3 + 9^{.5} = .5 \times (3 + 9)$

(e)　$2 = 8/5 + .4 = .5 \times (8 - 4) = (8 - 4)^{.5} = .5^{-4}/8$

(f)　$8 = 6 + 7 - 5 = 7/.5 - 6 = 6/.75 = 56/7$

(g)　$6 = 5 + 8 - 7 = .8 \times (7 + .5) = 7/.5 - 8 = (5 - .8)/.7$

(h)　$32 = 5 \times 8 - 8 = 5 \times 8 \times .8 = (8 + 8)/.5 = .5^{-8}/8$

(i)　$64 = 4 \times 16 = 1 \times 64 = 64/1 = 64^1 = 6/.1 + 4 = (.1 + .4)^{-6}$

(j)　$2 = 8 - 4 - 2 = (8 - 4)/2 = 2^4/8 = 4^2/8 = (2 - .4)/.8 =$
　　　$.2 \times 8 + .4 = (4 \times 8)^{.2}$

(k)　$16 = .5 \times 2^5 = .5^{-2/.5} = (.5 \times .5)^{-2} = .5^{-5}/2 = .5^{\wedge} - (.5^{-2})$

(l) $32 = 5^2 + 7 = 25 + 7 = 5/.2 + 7 = .5^{2-7} = (.7 - .2)^{-5}$
(m) $5 = 9 - 2/.5 = 2/(.9 - .5) = 9/2 + .5 = 2 + 9^{.5} = 9 - .5^{-2}$
(n) $16 = 4 + 4 + 8 = 4 \times (8 - 4) = 4^{8/4} = (8/4)^4 = 8/.4 - 4$

116 できるだけ大きな数

(a) $a = .1^{-4} = 10{,}000$ および $b = .2^{-a} = 5^{10000}$ とする．このとき，$E_1 = .3^{-b}$ が最大である．$\ln(\ln(E_1)) \approx 16{,}095$ となる．ただし，$\ln(x)$ は x の自然対数である．

(b) $p = {}^{-1}\!\!\sqrt{.2} = 5^{10} = 9{,}765{,}625$ および $q = 4^p$ とする．このとき，$E_2 = .3^{-q}$ が最大である．$\ln(\ln(E_2)) \approx 13{,}538{,}031$ となる．

出題者

1	言葉の謎	ローリー・ブロッケンシャイアー
2	給料秘密主義	ボブ・ウェインライト
3	親戚パズル	ディック・ヘス
4	スライディング・ブロック	ネイル・ビックフォード
5	最速サーブ	ディック・ヘス
6	人口爆発	ディック・ヘス
7	懸垂線	ジョープ・ファン・デル・ヴァート
8	リゲル第4惑星の採掘	ディック・ヘス
9	点の連結	ディック・ヘス
10	直角三角形	ディック・ヘス
11	頂点を切り落とした多面体	G. ガルパーリン
12	紙を貼った箱	ディック・ヘス
13	ほぼ長方形の湖	レオン・バンコフ
14	菱形の3分割	ディック・ヘス
15	正方形の分割	ディック・ヘス
16	小町買い物	ディック・ヘス
17	変形数独	ボブ・ウェインライト
18	小町分数和	ディック・ヘス
19	偶数と奇数	世界大会問題
20	風変わりな整数	ディック・ヘス

		出題者
21	10桁の数	ディック・ヘス
22	ケーキの分割	ディック・ヘス
23	牢獄からの脱出	アンディ・リウ／ディック・ヘス
24	論理的質問	ディック・ヘス
25	アリババと10人の盗賊	アンディ・リウ／ディック・ヘス
26	結婚記念日のパーティー	ディック・ヘス
27	ギャンブラーもビックリ	ジョー・カイセンウェザー
28	テンジー	ディック・ヘス
29	ミニビンゴ	ディック・ヘス
30	通常のビンゴ	ジョー・カイセンウェザー
31	公平な決闘	ディック・ヘス
32	テニスのゴールデンセット	ディック・ヘス
33	バス代ルーレット	ビル・カトラー／ディック・ヘス
34	色つきボールの箱	岩沢宏和／ディック・ヘス
35	双六	ジョー・カイセンウェザー
36	あわただしい空港	ティモ・ヨキタロ
37	どの食事？	ディック・ヘス
38	熾烈な競争	マーカス・ゴッツ
39	親族訪問	ディック・ヘス
40	対数問題	ディック・ヘス
41	多項式問題1	ニック・バクスター／ディック・ヘス
42	多項式問題2	ディック・ヘス
43	直列素数三角形	ディック・ヘス
44	養鶏業	ディック・ヘス
45	騎士のジレンマ	ディック・ヘス
46	正三角形からもっとも離れた三角形	ディック・ヘス
47	薬剤師	ディック・ヘス

48	ボート遊びでの驚き	ディック・ヘス
49	釣り合い問題	ディック・ヘス
50	吊るされた棒	チャールズ・レヴィット
51	倒れる梯子	ディック・ヘス
52–68	整数辺の等脚台形	ディック・ヘス
69–76	砂漠のジープ隊	ディック・ヘス
77–116	マスダイスのパズル	ディック・ヘス

訳者あとがき

　本書は，Dick Hess 著 *Population Explosion and Other Mathematical Puzzles* (World Scientific, 2016) の全訳である．著者のディック・ヘスは，これまでに，まえがきで述べられている2冊以外にも，*All-Star Mathlete Puzzles* (Sterling, 2009)，*Number-Crunching Math Puzzles* (Puzzlewright, 2013) など，本書と同じように，著者が考案したパズルや，パズル愛好家のコミュニティーで出題されたパズルを集めた書籍を発刊している．

　本書も，ちょっと考えれば解ける問題やひっかけ問題から，計算機の助けがなければ解を求めるのが難しいような問題まで，さまざまなパズルが満載である．なかでも，砂漠のジープ隊，薬剤師，整辺等脚台形，昇順または降順の3個の数で指定された数を作る問題などは，圧倒的な数の小問がこれでもかといわんばかりに出題されている．これらの小問は，与えられた条件や数値がわずかに違うだけで，問題の難易度が大きく違ってくる．このような問題をすべて解こうとすると，膨大な時間を費やすことになるだろう．

　また，示されている解答はあきらかに唯一の解であると分かるものが多いが，なかには現時点で知られている最良の解しか示されていないものもある．それらについては，がんばれば，解答として提示されたものよりもよい解が得られるかもしれない．あるいは，これ以上よい解がないことの証明に挑戦してみるのもよいだろう．たとえば，砂

漠のジープ隊については，与えられた燃料では解に示された距離よりも遠くには行けないことや，解に示された量よりも少ない燃料では与えられた距離を移動できないことを証明できるだろうか．薬剤師の問題については，与えられた2種類の容量の薬瓶では解に示された場合以外の錠剤の量は作れないことをどうにかして示せないだろうか．このようにして，読者を悩ませる問題が尽きることはないので，発想・根気・思考力を余すところなく使って楽しんでいただけるはずである．

　本書の翻訳に際して，原著者のヘス氏には，原著の正誤表を提供いただき，また，翻訳の過程で見つけた誤植を確認していただいた．そして，日本語版の編集にあたっては，共立出版の大谷早紀氏には大変お世話になった．これらの方々に感謝の意を表したい．

2018年秋　訳者

Memorandum

Memorandum

訳者紹介

川 辺 治 之 (かわべ はるゆき)

1985年 東京大学理学部卒業
現　在　日本ユニシス（株）総合技術研究所　上席研究員
主　著　『Common Lisp 第2版』（共立出版，共訳）
　　　『Common Lisp オブジェクトシステム―CLOSとその周辺』（共立出版，共著）
　　　『群論の味わい―置換群で解き明かすルービックキューブと15パズル』（共立出版，翻訳）
　　　『この本の名は？―嘘つきと正直者をめぐる不思議な論理パズル』（日本評論社，翻訳）
　　　『ひとけたの数に魅せられて』（岩波書店，翻訳）
　　　『100人の囚人と1個の電球―知識と推論にまつわる論理パズル』（日本評論社，翻訳）
　　　『量子プログラミングの基礎』（共立出版，翻訳）
　　　『スマリヤン数理論理学講義　上巻・下巻』（日本評論社，翻訳）
　　　『対称性―不変性の表現』（丸善出版，翻訳）
　　　『哲学の奇妙な書棚―パズル，パラドックス，なぞなぞ，へんてこ話』（共立出版，翻訳）
　　　『無限（岩波科学ライブラリー）』（岩波書店，翻訳）
　　　『圏論による量子計算のモデルと論理』（共立出版，翻訳）ほか翻訳書多数

発想・根気・思考力で挑む ディック・ヘスの 圧倒的パズルワールド 原題：*The Population Explosion and Other Mathematical Puzzles* 2018 年 11 月 15 日　初版 1 刷発行	訳　者　川辺治之　Ⓒ 2018 原著者　Dick Hess（ディック・ヘス） 発行者　南條光章 発行所　**共立出版株式会社** 　　　　東京都文京区小日向 4-6-19 　　　　電話　03-3947-2511（代表） 　　　　〒 112-0006／振替口座 00110-2-57035 　　　　www.kyoritsu-pub.co.jp 印　刷　啓文堂 製　本　加藤製本
検印廃止 NDC 410.79, 798.3 ISBN 978-4-320-11347-3	一般社団法人 　　　　　　自然科学書協会 　　　　　　会員 Printed in Japan

---

JCOPY <出版者著作権管理機構委託出版物>
本書の無断複製は著作権法上での例外を除き禁じられています．複製される場合は，そのつど事前に，出版者著作権管理機構（TEL：03-3513-6969，FAX：03-3513-6979，e-mail：info@jcopy.or.jp）の許諾を得てください．

■ 川辺治之 訳書 ■

哲学の奇妙な書棚
―パズル, パラドックス, なぞなぞ, へんてこ話―

R.Sorensen著／川辺治之訳

ソレンセン哲学教授による楽しくも本格的な哲学小話集。感心する話やあきれるほどの楽しい話がゴマンと散りばめられている。パラドックスなどの問いも満載でパズル愛好家にもおすすめ。

【四六判・392頁・上製・定価(**本体2,400円＋税**)　ISBN978-4-320-00599-0】

数学探検コレクション 迷路の中のウシ

I.Stewart著／川辺治之訳

著者は英国ワーウィック大学の数学教授で, サイエンティフィック・アメリカン誌に連載の『数学探検』を一冊にまとめた選集。パズル, ゲームや日常生活でみかけるテーマから空想科学小説に至るまで, それらの背後にある数学理論をわかりやすく紹介。

【A5判・276頁・並製・定価(**本体2,700円＋税**)　ISBN978-4-320-11101-1】

数学で織りなすカードマジックのからくり

P.Diaconis・R.Graham著／川辺治之訳

数理奇術のカジュアルな入門書。数々の美しいトランプ奇術は, ギルブレスの原理およびその一般化を利用しているが, 本書ではそれらの中でも最も見事なトリックを紹介する。一人でできる見事なトリックから, 本格的な数学へと読者を導く一冊である。

【A5判・324頁・並製・定価(**本体3,200円＋税**)　ISBN978-4-320-11047-2】

群論の味わい
―置換群で解き明かすルービックキューブと15パズル―

D.Joyner著／川辺治之訳

パズルを題材とした群論の入門書。ルービックキューブという身近な実例と計算機代数システムSAGEによる実習で, 群論の基礎知識やルービックキューブの操作がなす群の構造を理解できる。

【A5判・408頁・並製・定価(**本体3,700円＋税**)　ISBN978-4-320-01941-6】

(価格は変更される場合がございます)　**共立出版**　https://www.kyoritsu-pub.co.jp